POST SCIENCE/17

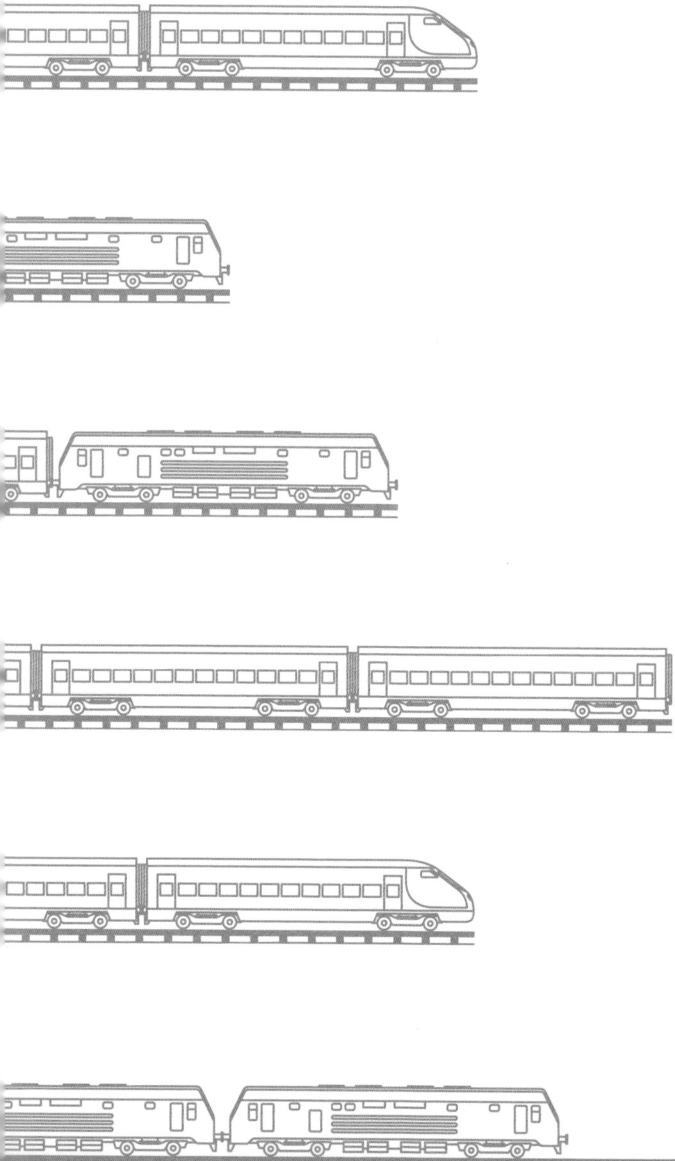

알기 쉬운 철도과학

가와베 켄이치 지음
공영태 · 나성은 옮김

북스힐

들어가는 글

철도는 우리에게 친근한 교통수단입니다. 철도를 이용하여 매일 통근과 통학을 하는 사람도 있고, 쇼핑이나 여행을 할 때 이용하는 사람도 있습니다. 특히 도시에 사는 사람들 중에는 전차나 지하철을 타는 일을 생활의 일부로 여기고 철도를 당연하다고 생각할 수도 있습니다. 하지만 다른 관점에서 보면 늘 당연하다고 여겼던 철도에 관해서 뜻밖의 흥미로운 점을 발견할 수 있습니다.

이를테면 철도에는 평상시에는 알아채기 어려운 특징이 있는데, 바로 공공성의 가치가 높고 지역적 특성이 상당히 반영된 교통 기관이라는 점입니다.

또 다른 특징은 지역적인 제한성입니다. 비행기나 자동차, 배는 각각의 제품들을 세계 곳곳에서 볼 수 있습니다. 예를 들어, 비행기는 제트 여객기의 보잉 777, 자동차는 도요타의 프린스, 배는 대형 크루즈 여객의 아스카飛鳥Ⅱ처럼 말이죠. 하지만 세계 어느 나라든 자유롭게 다닐 수 있는 철도 차량은 없습니다. 왜냐하면 나라마다 다양한 규격의 철도를 채용하고 있고, 연결도 제한적이어서 사용할 수 있는 철도 차량이 한정되어 있기 때문입니다. 여기서 말하는 규격이란 궤간(좌우 레일 간격)이나 철도 차량의 크기, 사용하는 전기의 종류 등입니다.

사람을 태우는 여객용 철도 차량은 승객이 차내에서 일정한 시간을 보내기 때문에, 그 지역 사람들의 가치관이나 문화, 시대의 요구를 반영하여 승객의 편의를 우선하고 있습니다. 때문에 철도 차량은 지역이나 시대의 흐름에 맞추어 변화해 왔습니다. 국가나 지역에 따라 종류가 다른 철도 차량이 달리는 이유도 이 때문입니다.

형태나 색이 다양한 철도 차량을 보는 것도 철도를 이용하는 즐거움 중의 하나이지만, 이 모든 종류를 다 기억해도 철도를 이해하기는 어렵습니다. 오히려 철도의 근원을 알고 나서 철도 차량의 종류가 늘어난 이유를 아는 편이 철도를 더 잘 이해할 수 있을 것입니다. 또 사람마다 혹은 지역미다 철도에 관한 생각이 다르다는 것을 이해하는 편이 훨씬 흥미로울 것입니다.

그런데 이러한 관점을 가지고 철도에 관해 쓴 책은 많지 않습니다. 서점에 가면 철도와 관련된 다양한 책들을 볼 수 있지만, 대다수가 일본에서의 철도 차량의 종류를 다루고 있고 세계의 철도에 관해서 자세히 기술한 책은 적습니다.

이 책은 철도의 입문서입니다. 철도의 근원에 관한 이야기부터 어떻게 현재까지 발달해 왔는지에 대해서 소개하려고 노력했습니다. 또 철도 전반에 걸쳐서 흥미롭게 읽을 수 있도록 일본과 해외의 다양한 철도 사진을 실었습니다. 대강 훑어보기만 해도 다른 나라의 철도와 비교했을 때 일본 철도의 특이한 사항을 발견할 수 있을 것입니다.

일본은 유럽과 미국에서 배운 철도 기술을 응용하여 일본의 특수한 지리적 조건과 운송 수요에 맞추어 발달해 왔습니다. 그 결과 신칸센이나 도쿄의 도시 철도와 같은 세계적으로도 특수한 철도 시스템이 가능해졌습니다. 이것은 일본의 환경에 맞추어 개발한 것이기 때문에 똑같은 것을 해외에 수출할 수는 없지만, 개별적인 기술을 수출한 예는 얼마든지 있습니다.

예를 들어, 일본에서 생산한 전차는 중국이나 인도뿐만 아니라 과거에 기술을 배워 왔던 영국과 미국에서도 사용되고 있습니다. 일본의 기술로 만든 터널 역시 해외에서 많이 찾아볼 수 있습니다. 물론 일본의 기술이 모두 뛰어나다는 것은 아닙니다. 지금도 일본이 해외에서 배워 오는 기술도 있습니다. 이처럼 철도를 통해서 일본을 객관적으로 볼 수 있게 되면 철도 이외에도 견식을 넓힐 수 있습니다. 이 책이 그 역할을 할 수 있기를 바랍니다.

이 책을 쓰면서 많은 철도 관계자분들께 조언과 협력을 얻었습니다. 또 과학 서적 편집부의 이시이 켄이치石井顕一 씨와 디자인을 담당한 비웍스beewoks 여러분들께도 도움을 받았습니다. 이 자리를 빌어 감사의 말씀을 드립니다.

가와베 켄이치川辺謙一

목차

1장

철도의 이해

1장에서는 '철도란 무엇인가' 하는 철도에 관한
근원적인 물음에 다가가려 합니다. 그러기 위해 우선, 다른 교통 기관과
비교하여 철도의 특징과 철도가 탄생한 역사를 살펴보겠습니다.

1-01 공공성이 높은 육상 교통 기관

우리가 편리하게 이용하는 철도에는 여러 가지 종류가 있습니다. 가장 일반적인 것은 레일이 2개 깔린 선로를 차량이 달리는 것이지만, 레일이 1개인 모노레일monorail이나 레일이 아예 없는 무궤도 전차(트롤리버스) trolley bus도 일본에서는 철도로 분류합니다.

그렇다면 철도란 과연 무엇일까요? 법률상의 정의는 국가와 지역마다 다르지만 넓은 의미로는 '레일 등이 설치된 인내된 길을 따라 차량을 운전하여 여객(사람)과 화물을 운송하는 시설'이라고 정의합니다. 여객을 수송하는 로프웨이 역시 일본에서는 현재, 철도 사업법에 의거하여 운영되고 있으므로 이 책에서도 철도로 분류하겠습니다.

교통 기관으로는 철도 이외에도 항공기나 자동차, 배(선박)가 있습니다. 하지만 철도만이 갖는 특징이 있는데 그중 하나가 공공성이 높다는 것입니다.

항공기는 개인 전용기, 자동차는 승용차, 배는 크루즈와 같이 저마다 개인이 소유하고 운전도 할 수 있습니다. 하지만 철도 차량은 개인이 소유할 수는 있지만 영업 노선에서 마음대로 달릴 수는 없습니다. 철도 사업에 관계하지 않는 개인은 철도 차량의 운전면허를 취득할 수 없으므로 운전 역시 기본적으로 할 수 없습니다. 때문에 철도를 이용하는 사람들은 목적지만 같으면 신분이나 소득에 상관없이 같은 열차와 역을 이용합니다. 공공성이 높은 이유도 여기에 있습니다. 다양한 사람들이 오고 가는 덕분에 만남의 장소로도 활용되고, 문학이나 영화, 연극, 음악 등의 소재로도 자주 등장합니다. 그런 의미에서 철도는 교통 기관 이상의 존재일지도 모르겠습니다.

다양한 교통 기관

❶ 항공기 _ 나리타(成田) 국제공항

❷ 배(선박) _ 상선 미쓰이 페리 '선 플라워'

❸ 자동차 _ 수도 고속 도로 '도심 순환도로'

❹ 철도 _ 게이세이(京成) 스카이라이너

철도의 분류

- 철도
  - 보통 철도
    - 일반 철도
      - 신칸센
      - 재래선 · 사철 · 지하철
    - 랙식(톱니바퀴식) 철도
  - 특수 철도
    - 모노레일
      - 현수식
      - 과좌식
    - 안내 레일식 철도
      - 고무 타이어식 지하철(삿포로)
      - 신교통 시스템(AGT)
      - 가이드웨이 버스
    - 무궤도 전차(트롤리버스)
    - 케이블카
    - 로프웨이
    - 자기 부상 철도
      - 초전도 리니어(초전도 자기 부상 철도)
      - HSST(상전도 자기 부상 철도)
  - 궤도
    - 노면 전차

※ 참고문헌 [3] p71을 참고로 하여 필자가 작성했다. 단, 법률상의 용어는 쉬운 표현으로 하고 일부 내용을 추가했다.

1-02 방향 조종 장치가 없는 육상의 대량 수송 기관

철도는 장점과 단점을 모두 가지고 있습니다. 우선 단점만 보자면 이동 속도는 비행기보다 못하고 육상에서 자유롭게 이동하는 자동차보다 불편합니다. 에너지 효율 면에서는 배와 거의 비슷하지만 철도는 육지에서만 사용할 수 있습니다.

때문에 제2차 세계 대전 이후에 항공기와 자동차가 발달하면서 유럽과 미국에서는 철도가 쇠퇴했습니다. 하지만 일본에서는 사정이 달랐습니다. 높은 도시 인구 밀도와 심각한 도로 정체로 인해 수송 효율이 높은 철도에 의존할 수밖에 없었기 때문입니다. 물론 신칸센이 등장하여 기존에 항공기가 주로 맡았던 장거리 고속 수송이 철도로도 가능해진 것도 큰 이유 중 하나입니다.

철도는 다른 교통 기관에 비해서 안정성이 높고 육상에서 대량 수송이 가능하다는 특징이 있습니다. 왜냐하면 '방향 조종 장치'를 조작할 필요가 없기 때문입니다.

차량이 목적지에 도착하기 위해서는 앞으로 진행하는 것도 중요하지만 어디로 갈지 진로를 정해야 합니다. 그러기 위해서 자동차에는 핸들(스티어링 휠), 항공기에는 조종간, 배에는 키(조타 핸들)와 같은 장치가 필요합니다. 하지만 전차 등의 철도 차량에는 이것이 없습니다. 철도 차량의 진로는 선로에 깔린 레일이 유도하므로 방향 조종 장치를 조작할 필요가 없으며, 여러 대의 차량을 연결하여 달릴 수 있습니다. 방향 조종 장치의 조작 실수로 인해 일어나는 사고가 없기 때문에 안정성이 높고, 많은 승객과 화물을 한 번에 실어 나를 수 있어서 수송 효율이 높습니다. 운전사가 없는 전차가 가능한 것도 이러한 방향 조종 장치를 조작할 필요가 없기 때문입니다.

이동 속도(최고 속도)

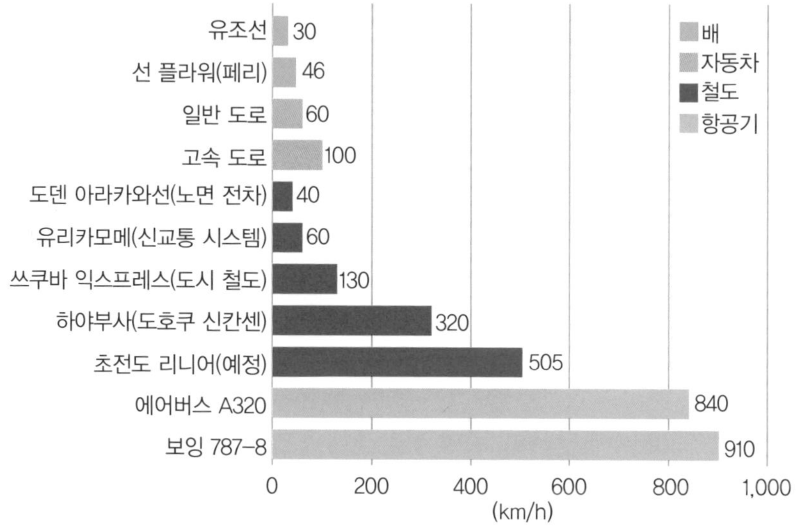

방향 조종 장치를 조작하지 않는 철도

철도 차량의 진로는 레일이 유도하기 때문에 운전사는 방향 조종 장치를 조작하지 않는다. 운전사가 없는 무인 운전이 가능한 것도 이 때문이다.

1-03 항공기와 자동차의 약점을 보완한 철도

1-02에서도 이야기했지만 제2차 세계 대전 이후, 유럽과 미국에서는 철도가 쇠퇴했습니다. 심지어 철도가 맡았던 역할을 항공기와 자동차가 대신하면서 철도는 곧 사라질 것이라 예상하기도 했습니다. 하지만 철도는 항공기와 자동차의 약점을 보완할 교통수단으로 주목받으면서 사라지지 않았습니다. 그 이유를 이동 속도의 관점에서 살펴보겠습니다.

이동 속도 면에서 철도는 항공기를 따라잡을 수 없지만 철도의 최고 속도는 점차 빨라졌습니다. 신칸센 등의 고속 철도는 실질적인 최고 속도가 시속 320km에 달하며, 중앙 신칸센에 도입될 초전도 자기 부상 철도(초전도 리니어)는 시속 505km로 영업 운전할 예정입니다. 그래도 이동 속도 면에서는 항공기를 쫓아갈 수 없지만 도심으로 이동하는 소요 시간을 따지면 비슷한 경우도 있습니다. **중심지에서 멀리 떨어진 공항까지 걸리는 시간과 공항에서 기다리는 시간 등을 포함했을 때 이동 시간 전체의 차이가 줄기 때문**입니다.

JR 재래선이나 지하철 등의 일반 철도는 최고 속도가 자동차와 비슷한 정도입니다. 하지만 교통량이 많은 도심에서는 출퇴근 시간에 차량 정체가 심하기 때문에 **평균 속도가 자동차보다 철도가 더 빠른 경우가 많습**니다.

이러한 장점을 살린 일본에서 특히 철도가 발달하게 되었습니다. 일본은 해외 여러 나라들과 비교했을 때 도심 지역의 인구 밀도가 상당히 높아서, 공항이 도심에서 멀리 떨어진 곳에 있기 때문에 이용이 불편합니다. 또 좁은 도로에 자동차가 몰려서 도로 정체가 심합니다. 이러한 교통 문제를 해결하기 위해 철도가 정비된 결과, 세계적으로 유례가 없을 만큼 수송 효율이 높은 철도망이 구축되었습니다.

도시 교통의 개선에 필요했던 철도

퇴근길 도로 정체를 보이는 시부야(渋谷) 부근 도로. 건물이 밀집해 있는 대도시에서는 도로 확장이 어렵기 때문에 교통 체증이 자주 발생한다. 도심 전체의 교통을 개선하기 위해서는 교통 체증에 영향을 받지 않는 철도의 정비가 필요하다.

고속 수송을 맡게 된 철도

일본에서 탄생한 신칸센은 그동안 항공기가 도맡아 하던 고속 수송을 철도가 주도하게 된 고속 철도의 선두 주자이다. 공항까지의 거리가 멀어서 이용이 어려운 항공기의 약점을 보완하는 교통수단으로 발달했다. 사진은 도카이도 신칸센 'N700계', 오다와라(小田原) 역.

1-04 점보제트기보다 수송 규모가 큰 철도

철도는 수송 규모가 큰 교통 기관입니다. 얼마나 큰지 다른 교통 기관과 비교해 보겠습니다.

세계 최대 규모의 항공기인 에어버스 A380은 1기당 좌석수가 525석(3 클래스 표준)입니다. 한편 도카이도東海道 신칸센의 가장 빠른 열차 '노조미'는 열차 1대당 좌석수가 1,323석입니다. 도쿄 역에서는 A380의 2배 이상의 여객을 실은 열차가 짧게는 3분 간격으로 출발합니다. 일반적인 노선버스의 정원은 연결버스나 2층 버스를 제외하면 최대 80명 정도이지만, 통근 전차의 경우에는 차량 1대의 정원이 약 150명입니다. 도쿄의 JR 중앙 쾌속선을 예로 들어 보면, 노선버스의 약 2배의 여객을 태운 차량을 10칸이나 연결한 열차가 짧게는 2분 간격으로 달리고 있습니다.

일본에는 화물 트럭(10톤) 65대에 해당하는 650톤 화물을 운반하는 화물 열차가 있습니다. 해외에는 이보다 수송량이 더 큰 화물 열차가 달립니다.

물론 한 번에 실을 수 있는 화물의 양은 배가 가장 큽니다. 참고로 중동의 산유국과 일본을 왕복하는 유조선은 최대 30만 톤의 원유를 한 번에 실어 나를 수 있습니다.

철도에는 선로라는 아주 긴 시설이 필요해서 건설과 유지에 막대한 비용이 들어갑니다. 때문에 투자에 상응하는 일정 이상의 수송 수요가 없으면 채산성이 낮아서 교통 기관으로서의 제 역할을 못합니다. 따라서 철도는 어디서나 이용할 수는 없습니다. 하지만 육상에서 수송 수요가 높은 구간에서는 최대한 그 힘을 발휘합니다. 일본에는 도카이도 신칸센이나 도카이도 본선과 같이 여객과 화물의 수송 수요가 높은 구간이 많아서, 해외 여러 나라에 비해 철도가 힘을 발휘하는 노선이 많습니다.

한 번에 수송할 수 있는 양 비교

여객 수송

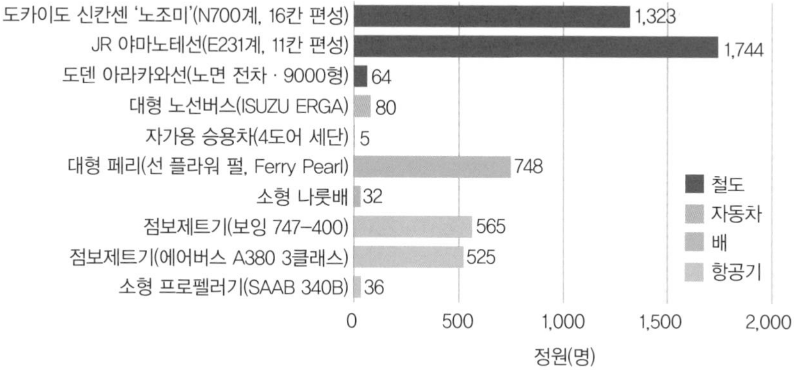

여객 열차는 항공기나 버스의 몇 배나 되는 승객을 한 번에 실어 나를 수 있다.

화물 수송

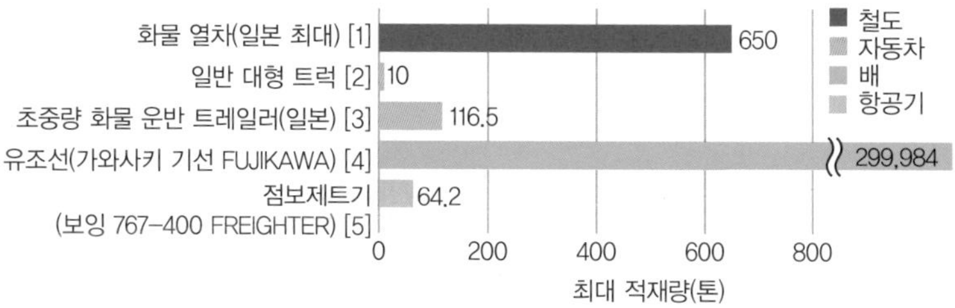

화물 열차는 운전사 한 사람이 대량의 화물을 한 번에 수송할 수 있는 장점이 있지만, 취급하는 화물량은 대형 선박에 미치지 못한다.

데이터 출처: [1] JR 화물 웹 사이트, [2] 대푯값, [3] 가와사키 기선 웹 사이트, [4] 니치운(日運)건업 웹 사이트, [5] ANA CARGO 웹 사이트

대량 화물을 한 번에 수송하는 화물 열차

가와사키(川崎) 시내를 통과하는 도카이도 화물선. 출근과 통학으로 혼잡한 아침 시간을 앞둔 오전 6시대에는 나고야와 오사카 방면에서 도쿄 화물 터미널로 향하는 많은 화물 열차가 통과한다.

1-05 에너지 효율이 높은 '친환경' 교통 기관

철도는 '친환경 교통 기관' 혹은 '환경을 생각하는 교통 기관'이라고 불립니다. 그 이유는 무엇일까요?

오른쪽 그래프는 일본의 각 교통 기관이 여객 1명과 화물 1톤을 각각 1km 실어 나르는 데 소요되는 에너지를 비교한 것으로, 철도의 에너지 소비량이 매우 작은 것을 알 수 있습니다. 한마디로 철도는 항공기와 자동차에 비해서 상당히 에너지 효율이 높은 교통 기관입니다. 에너지 효율이 높으면 석유 등의 화석 연료의 소비도 줄어들기 때문에, 이산화 탄소 CO_2 등의 온실 효과 가스의 배출량도 적어집니다. 이 점이 바로 철도가 친환경적이라고 불리는 이유입니다.

최근 항공기와 자동차를 이용한 화물 수송을 철도와 배를 이용한 수송으로 대체하려는 움직임이 일고 있습니다. 이를 모달 시프트modal shift(전환 교통)라고 하며 수송 전체의 에너지 소비량을 줄이는 데 효과가 클 것으로 기대하고 있습니다.

하지만 철도는 수송 수요가 적으면 에너지 효율이 버스나 트럭에 못 미치는 경우도 있습니다. 철도 관계자 중에는 새로운 신칸센을 만드는 편이 항공기보다 에너지 효율이 좋고 환경에도 좋다고 주장하는 사람이 있는 반면, 항공 관계자 중에는 철도를 건설하는 데 소비되는 에너지와 배출 가스 역시 고려할 필요가 있다고 지적하는 사람도 있습니다.

또 철도에는 선로라는 긴 시설이 꼭 필요하기 때문에 유지를 위한 인력과 비용을 생각했을 때 반드시 철도가 좋다고는 말하기 어렵습니다. 오히려 철도를 포함한 각 교통 기관의 장점을 최대한 끌어올리도록 균형을 맞추는 데 힘쓰는 것이 중요합니다.

각 교통 기관의 에너지 소비량

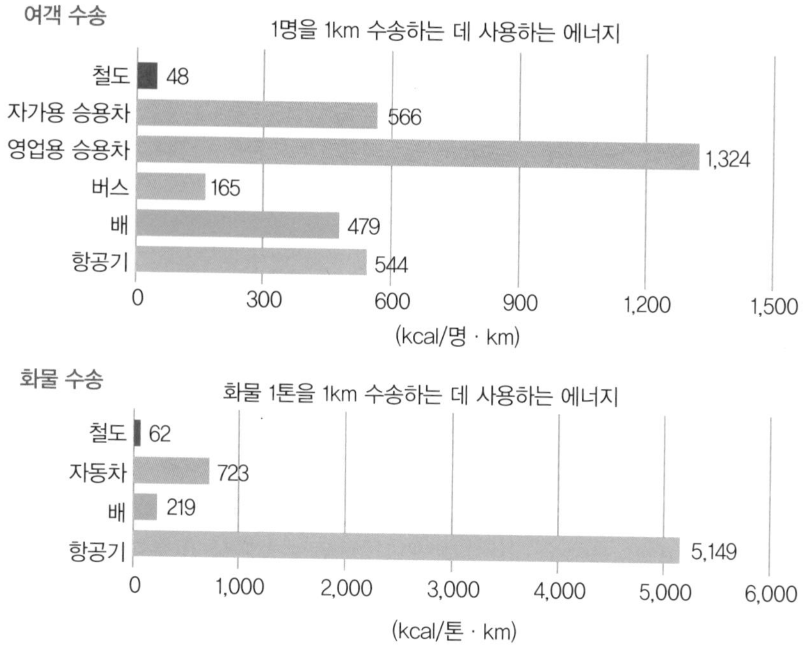

데이터 출처: 『EDMC/에너지·경제 통계 요람 2012』, p132, 2009년 데이터

육상에서 대량 여객 수송을 담당하는 철도

닛포리(日暮里) 부근을 오고 가는 여객 열차. 철도의 에너지 효율은 사진에서 보는 것처럼 대량으로 여객을 수송할 때는 높게 나타나지만 수송량이 적으면 낮아진다. 교통 전체의 에너지 효율을 생각하여 수송 규모에 맞는 교통 기관을 선택해야 한다.

1-06 철도 이용객이 많은 나라 일본

일본에서는 철도를 특별히 좋아하는 사람을 철도 마니아라고 부르며, 그 수는 일부에 지나지 않는다고 생각합니다. 하지만 해외에서는 일본인 대부분이 철도를 좋아한다고 보는 경향이 있습니다. 일본에서는 철도를 보거나 이용할 기회가 해외 여러 나라들보다 많아서 철도에 흥미를 갖기 쉬운 것도 사실입니다. 일본에는 도심을 중심으로 거대한 그물망처럼 철도가 연결되어 있으며 많은 사람들이 철도를 이용합니다. 국제 철도 연합UIC의 데이터에 의하면 세계에서 1년 동안 철도 이용객이 가장 많은 나라가 일본입니다. 그중에서 80% 이상이 3대 도시권(수도권, 주쿄권(나고야), 게이한신권(교토, 오사카, 고베))의 이용객입니다. 3대 도시권에는 일본 인구의 약 절반이 집중되어 있기 때문에 철도를 이용할 기회가 상당히 많습니다.

물론 일본 내에도 철도가 없는 지역이 있습니다. 예를 들어, 오키나와에는 제2차 세계 대전 이후에 오랫동안 철도가 없었다가, 2003년에 도시 모노레일(유이 레일)이 생겼습니다. 그러나 일본에는 철도가 없는 지역 사람들도 수학여행이나 단체 여행 때 신칸센을 이용하는 일이 많아서 철도에 관심을 갖기 쉽습니다.

일본에는 철도를 기술력의 상징이라고 생각하는 사람도 많이 있습니다. 고도 경제 성장기에 도카이도 신칸센이 생긴 이래, 세계 최초로 시속 200km를 넘은 영업 운전을 실현한 점과 세계에서도 드문 고밀도 여객 수송을 하고 있는 점이 관련이 있을 것입니다.

해외에는 수송 수요가 너무 낮아서 철도를 도입하기 어려운 지역이 많으며, 철도를 한 번도 본 적이 없는 사람도 있습니다. 그런 지역에 사는 사람이 보면 일본은 신기한 나라처럼 보일지도 모릅니다.

철도 이벤트에 모인 사람들

차량 기지 등을 공개하는 이벤트에는 가족과 함께 오는 사람들이 대부분이며 철도 마니아는 소수이다. 일본의 철도에는 연령이나 성별에 관계없이 즐길 수 있는 요소가 많다.

일본에서 철도를 이용한 여객 수송 인원(연간)

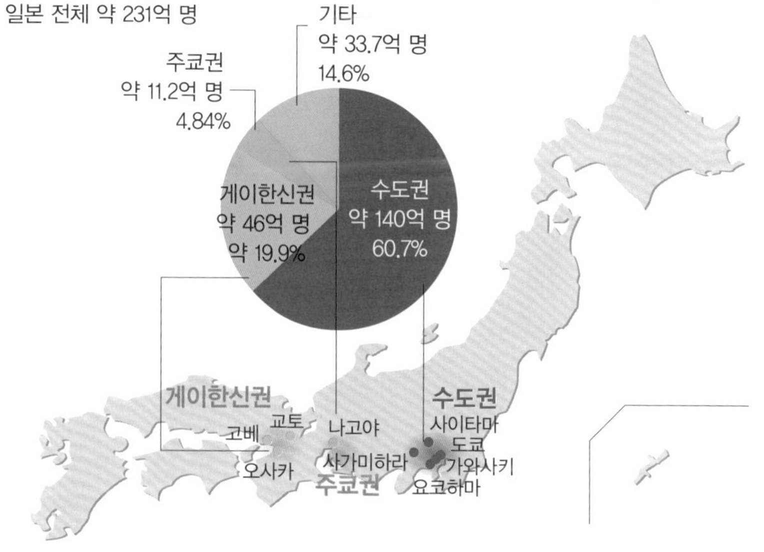

출처: 국토 교통성 철도국 감수 『숫자로 보는 철도 2012』 (재) 운수정책연구기구(2012), 2008년 자료

1-07 마차의 바큇자국에서 시작된 철도

1-02에서 철도 차량의 진로는 레일이 유도하기 때문에 방향 조종 장치가 필요 없다고 설명했습니다. 그렇다면 이와 같은 구조는 어떻게 생각해냈을까요? 해답은 바로 마차의 '바큇자국'에 있습니다.

철도가 등장하기 전에 육상에서 주로 이용하던 교통수단은 마차였습니다. 지면이 노출된 도로를 마차가 달리면 바퀴가 지나간 자국이 생기는데, 비가 내리면 젖어서 부드러워진 지면에 바퀴가 빠져서 마차가 잘 달리지 못하게 됩니다. 다음날 날씨가 맑으면 바큇자국의 凸凹가 그대로 남은 채 지면이 굳어지기 때문에 마차가 더욱 달리기 어려워집니다.

그래서 마차 바퀴 무게에 견딜 수 있는 돌을 도로에 깔아서 **돌포장**을 만들었습니다. 이른바 도로 포장의 원조입니다. 돌포장은 기원전부터 만들어졌다고 하는데, 도로 전체에 돌을 까는 일은 힘이 들었기 때문에 **미리 바퀴가 지나갈 부분만 凹 모양으로 만들어서 그곳만 포장**하는 것을 생각해냈습니다. 속담 중 똑같은 잘못을 범하는 것을 '같은 전철을 밟다'라고 하는데 여기서는 일부러 '같은 바퀴 자국을 밟도록' 한 것입니다.

그리스에서는 기원전 1500년의 미케네 문명 시대에 의도적으로 바큇자국을 냈다고 보이는 도로가 만들어졌습니다. 이 도로에서 진로의 분기점과 마주 오는 마차를 피하기 위한 대피선 등 현재의 철도와 매우 비슷한 점을 발견할 수 있습니다. 이러한 예는 이탈리아 남부의 폼페이 유적에도 있습니다. 폼페이 유적은 1세기 무렵 화산 분화로 뒤덮이기 이전의 거리 모습이 남아 있는데, 도로 유적의 돌포장에 2개의 바큇자국이 새겨져 있습니다. 그 凹 모양 안에 마차 바퀴를 넣어 달렸던 것입니다. **이 2개의 바큇자국이 오늘날 2개의 레일의 원점**이라고 알려져 있습니다.

마차의 '바큇자국'

폼페이 유적의 도로

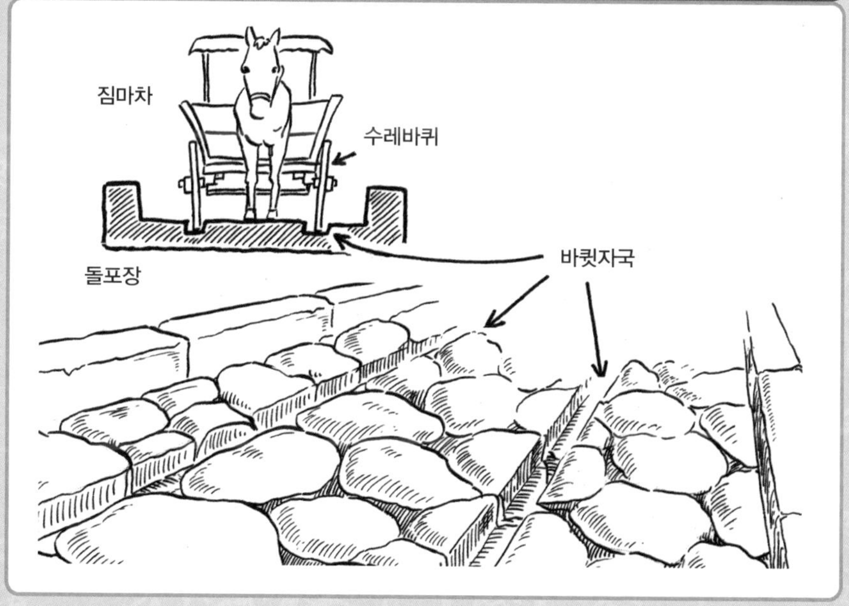

1-08 철도의 레일에 '철'을 사용하는 이유

철도는 '철'의 길이라는 의미입니다. 그런데 왜 철일까요? 단지 바퀴를 지지하기 위해서라면 나무나 돌도 괜찮지 않을까요? 그래서 각 재료를 가지고 바퀴를 지지할 수 있는지 생각해보겠습니다.

나무는 가공하기 쉽지만 충격에 약하고 부러지기 쉽습니다. 반면 돌은 나무보다 튼튼하지만 레일 모양으로 길게 자르기는 어려워 여러 개를 연결해야 하므로 이음새가 많아집니다. 이음새, 즉 매끄럽지 않은 곳을 지날 때마다 바퀴가 충격을 받으므로 승차감이 좋지 않은 것은 당연합니다. 이러한 이유로 바퀴와 판(레일) 모두 튼튼하고 가공하기도 쉬운 철을 사용하게 된 것입니다.

하지만 단순히 철판(레일)을 깔기만 해서는 바퀴가 탈선해버리기 쉽습니다. 그래서 산업 혁명 이전의 영국에서는 바퀴의 탈선을 막기 위해 판(레일) 혹은 바퀴에 '테두리'를 다는 것을 생각해냈습니다.

1804년에 등장한 세계 최초의 증기 기관차 '페니다렌Penydarren'은 테두리를 단 주철 레일 위를 달렸습니다. 철을 원료로 한, 탄소를 많이 함유한 재료인 주철은 충격에 약하고 부서지기 쉬운 단점이 있었는데, 실제로 주철 레일은 증기 기관차를 지지하기 어려워서 자주 깨졌다고 합니다.

그래서 만들어진 것이 강철 레일입니다. 강철도 철을 원료로 한 재료이지만 탄소 함유 비율이 주철보다 낮아서 충격에 강한 성질이 있습니다. 또 열을 가하면 변형이 가능해 길이가 긴 레일을 만드는 데 적합했습니다. 마모되기 쉬운 테두리는 레일보다는 교체하기 쉬운 바퀴에 달았습니다.

이렇게 해서 현재의 철 레일과 철 바퀴가 하나의 조합을 이루게 되었습니다. 바퀴의 가장자리에 달린 테두리는 현재 '플랜지flange'라고 불립니다.

레일에 적합한 재료는?

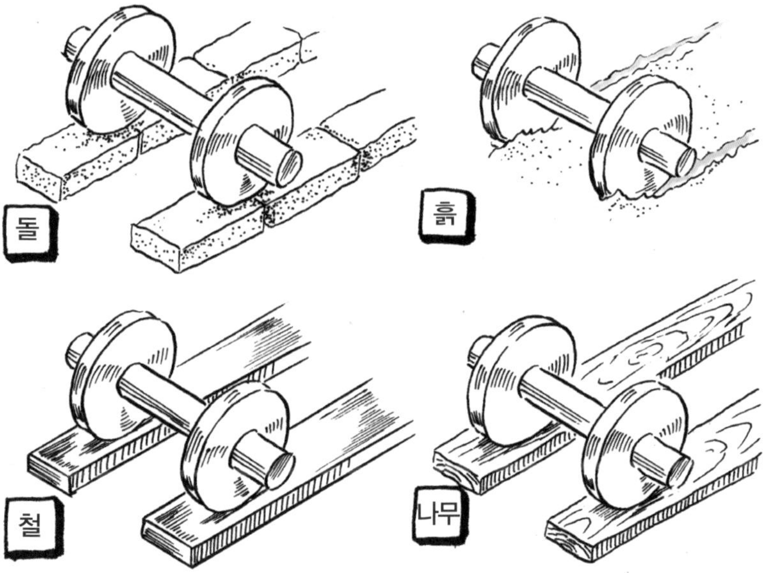

탈선을 막기 위한 플랜지

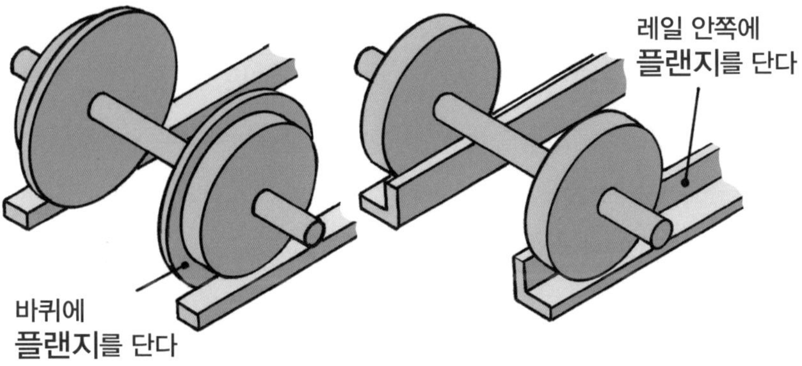

1-09 커브를 돌기 위한 철도 바퀴의 비밀

선로는 직선만 있는 것이 아니라 곡선(커브)도 있습니다. 때문에 바퀴가 탈선하지 않도록 진로를 유도(안내)하는 장치가 필요합니다. 만일 바퀴의 플랜지와 레일과의 마찰에만 의존하면 플랜지가 닳아 마모되어 부드럽게 커브를 통과할 수 없습니다.

또 커브에서는 바깥쪽 레일이 안쪽 레일보다 길어집니다. 철도는 좌우 바퀴와 차축이 고정되어 있어서 좌우 바퀴가 같은 회전 속도로 노는데, 이 상태에서는 레일의 길이 차이에 대응할 수 없습니다.

그래서 철도의 바퀴는 레일에 닿는 면(답면)이 원뿔을 잘라낸 모양을 하고 있습니다. 선로 바깥쪽을 향해 조금씩 반경이 작아지도록 되어 있는 것입니다.

종이컵을 연상해 보기 바랍니다. 종이컵은 원뿔을 자른 모양이므로 책상 위에서 커브를 그리면서 돕니다.

철도의 바퀴가 직선에서 커브로 접근하면, 그대로 직진하려고 하기 때문에 커브 바깥쪽으로 기웁니다. 그러면 레일과 접하는 부분의 좌우 바퀴의 반경에 차이가 생겨서 좌우 레일의 길이 차이에 대응할 수 있게 됩니다. 이렇게 하여 종이컵처럼 부드럽게 도는 것이 가능한 것입니다. 또한 좌우 레일의 간격(궤간)은 기본적으로는 일정하지만 커브에서는 부드럽게 돌 수 있도록 조금 넓혀 놓았습니다. 이것을 '슬랙slack'이라고 합니다.

차축은 선로가 굽은 정도에 따라 스스로 조종합니다. 그래서 철도 차량에는 방향 조종 장치가 따로 필요하지 않습니다.

일반적인 바퀴와 차축

1개의 차축에 2개의 바퀴가 고정되어 있어서 좌우의 바퀴가 같은 속도로 회전한다. 바퀴에는 플랜지라고 하는 테두리가 있다. 사진에서 보이는 바퀴는 지하철 전차용으로 레일과 접하는 부분의 지름이 88cm이고, 바퀴와 차축을 합친 무게는 869kg이다. 도쿄 메트로 아야세(綾瀨) 차량 기지의 공개 이벤트 모습이다.

커브를 돌 때의 구조

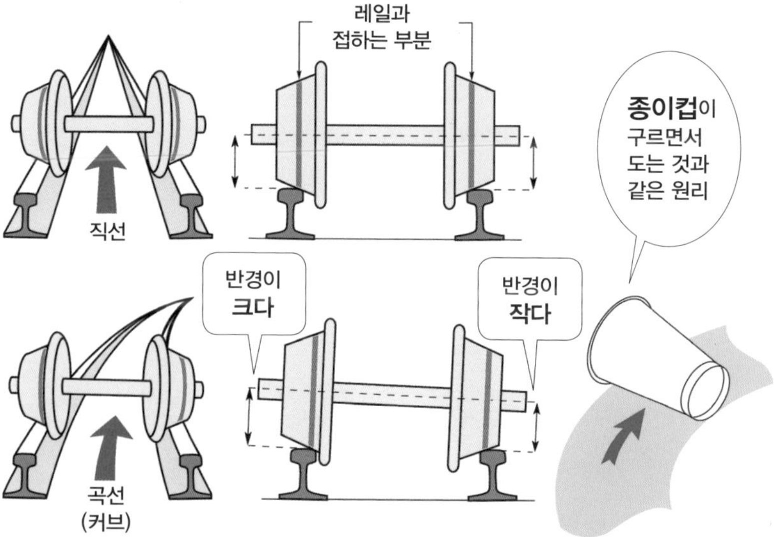

바퀴가 레일과 접하는 부분(답면)은 원뿔을 잘라낸 모양을 하고 있다. 커브에 접근하면 바퀴가 똑바로 진행하려고 하여 커브 바깥쪽을 향해서 돌기 때문에 좌우 바퀴가 레일과 접촉하는 부분의 반경에 차이가 생긴다. 차축은 이 상태를 유지하면서 방향을 바꾸어 스스로 방향을 조종하기 때문에 부드럽게 커브를 돌 수 있다. 반경의 차이로 커브를 도는 구조는 종이컵이 곡선을 그리면서 도는 것과 비슷하다.

1-10 마찰을 이용해 추진하는 점착식 구동

철도 레일과 바퀴는 기본적으로 철로 이루어져 있습니다. 자동차 바퀴에 사용하는 고무 타이어에는 지면과 접촉하는 면에 그루브groove라고 불리는 홈이 파여져 있지만, 철도에서 사용하는 바퀴의 답면에는 이러한 홈이 없어서 매끈합니다. 이로 인해 철도의 바퀴는 미끄러지기 쉽습니다. 포장 도로 위를 달리는 자동차와 비교하면 쉽게 이해할 수 있습니다.

자동차는 고무 타이어의 바퀴를 동력으로 회전시키고 지면에 닿았을 때 생기는 마찰을 이용하여, 고무 타이어가 노면을 뒤로 차는 것처럼 해서 앞으로 나아갑니다. 때문에 비나 눈이 와서 노면이 미끄러워지면 마찰이 작아져서, 가속하려고 하면 바퀴가 헛돌거나 브레이크를 밟았을 때 바퀴가 잠긴 채 미끄러져 버리기도 합니다.

마찰이 생기기 쉬운 것을 수치로 나타낸 것이 **마찰 계수**입니다. 철도에서 바퀴와 레일 사이의 마찰 계수는 자동차에서 고무 타이어 바퀴와 포장 노면 사이의 마찰 계수의 약 2분의 1에서 약 4분의 1 정도입니다. 그만큼 철도의 바퀴가 미끄러지기 쉽습니다. 제가 아는 어떤 전차 기관사는 '전차를 운전하는 것은 얼음 위에서 일반 타이어를 장착한 자동차를 운전하는 것과 비슷하다.'고 말합니다.

철도에서는 바퀴와 레일 사이에 작동하는 마찰을 가리켜서 점착이라고 하며, 마찰을 사용해서 추진하는 것을 **점착식 구동**이라고 합니다. 점착식 구동은 바퀴가 헛돌거나 미끄러지기 쉽다는 약점에도 불구하고 증기 기관차가 생긴 이래, 200년 이상이나 사용되고 있습니다. 현재의 통근 전차나 신칸센 전차 역시 점착식 구동으로 달리고 있습니다. 한편, 마찰이 작다는 것은 **추진을 방해하는 마찰 저항이 적어서 에너지 효율이 좋다**는 장점도 있습니다.

점착식 구동

바퀴가 미끄러지기 어려움(마찰 계수)

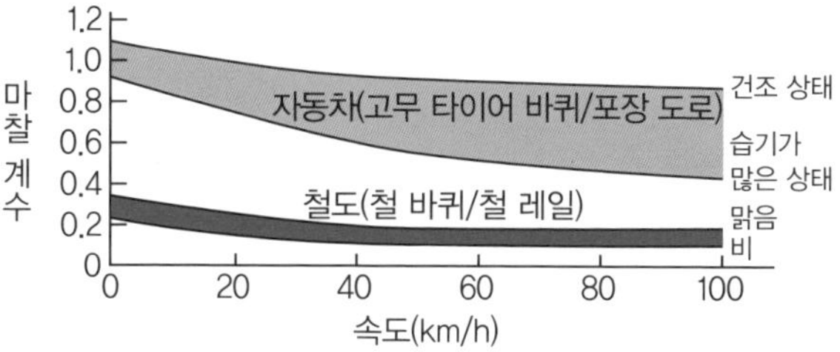

마찰 계수가 커질수록 바퀴는 미끄러지기 어렵다. 철 바퀴는 고무 타이어나 차바퀴보다 미끄러지기 쉽기 때문에 헛돌거나 회전이 멈춘 채 미끄러지기 쉽다.

출처: 참고 문헌 [7] p28, 그림 2-6, 일부 변경

점착식 구동의 원리

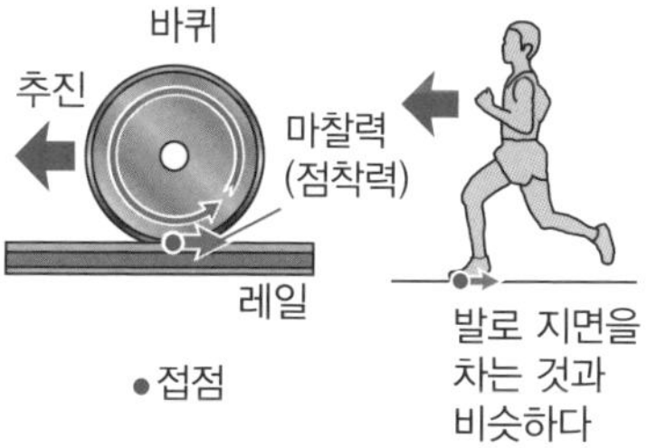

철 바퀴와 철 레일 사이에서 생기는 마찰력(점착력)을 이용하여 차량을 앞으로 나가게 하는 구동 방식. 하중이 클수록 점착력이 커지지만, 급가속이나 급브레이크 등으로 바퀴에 과도한 힘이 가해지면 바퀴가 구동하기 어려워져서 헛돌거나 미끄러진다.

200년 전부터 사용해 온 점착식 구동

점착식 구동은 증기 기관차가 처음 생겼을 때부터 현재까지 200년 이상이나 사용되어 오고 있다. 사진은 세계 최초의 여객 철도(리버풀-맨체스터 철도)에서 사용된 증기 기관차(로켓호)의 복제품. 피스톤이 바퀴(동륜)를 회전시키는 알기 쉬운 구조이다. 사진은 영국 국립 철도 박물관.

1-11 점착식 구동의 약점을 극복하려 한 추진 방식

'점착식 구동의 약점을 극복할 추진 방법이 있다면 철도의 가능성은 더욱 커질 것이다.'라고 생각한 사람들은 과거에도 있었습니다. 예를 들면, 등산 철도에서 볼 수 있는 케이블카나 랙식(톱니바퀴식) 철도는 점착식 구동이 어려운 급경사(구배) 구간을 달리기 위해 고안된 것입니다. 이외에도 점착식 구동을 대신할 추진 방법을 검토한 예는 많이 있습니다.

영국에서는 1840년대에 대기압 철도가 검토되었습니다. 이것은 선로 사이에 놓인 튜브에 피스톤을 넣어서 튜브 한쪽을 진공으로 만들어, 피스톤에 걸리는 대기압을 이용하여 차량을 추진시키는 방법이었습니다. 하지만 튜브의 밀폐성이 유지되기 어려워 실패로 끝났습니다.

미국의 뉴욕에서는 공기압 철도가 검토되었습니다. 지하에 만든 튜브 형태의 터널에 차량을 통째로 넣어 압축 공기를 사용하여 차량을 밀어내려는 계획이었습니다. 1870년에 시험선이 완성되었지만 실현되지는 못했습니다.

20세기에 들어와서는 항공기처럼 프로펠러로 추진되는 차량과 제트 엔진을 장착한 차량이 각각 프랑스와 미국에서 등장했습니다. 일본에서는 진공 튜브 속을 날아가는 로켓 열차가 검토되었습니다. 하지만 모두 실현되지는 못했습니다.

20세기 초반 영국에서는 원통형의 모터를 직선 형태로 전개한 리니어 모터를 사용하여 차량을 추진시키는 방법이 검토되었습니다. 이것을 실용화한 것이 초전도 리니어 등의 리니어 모터 카입니다. 리니어 모터를 사용하는 목적은 점착식 구동에서는 어려운 고속 주행이나 가파른 오르막 주행 등을 가능하게 하기 위해서였습니다.

점착식 구동 이외의 추진 방법 예

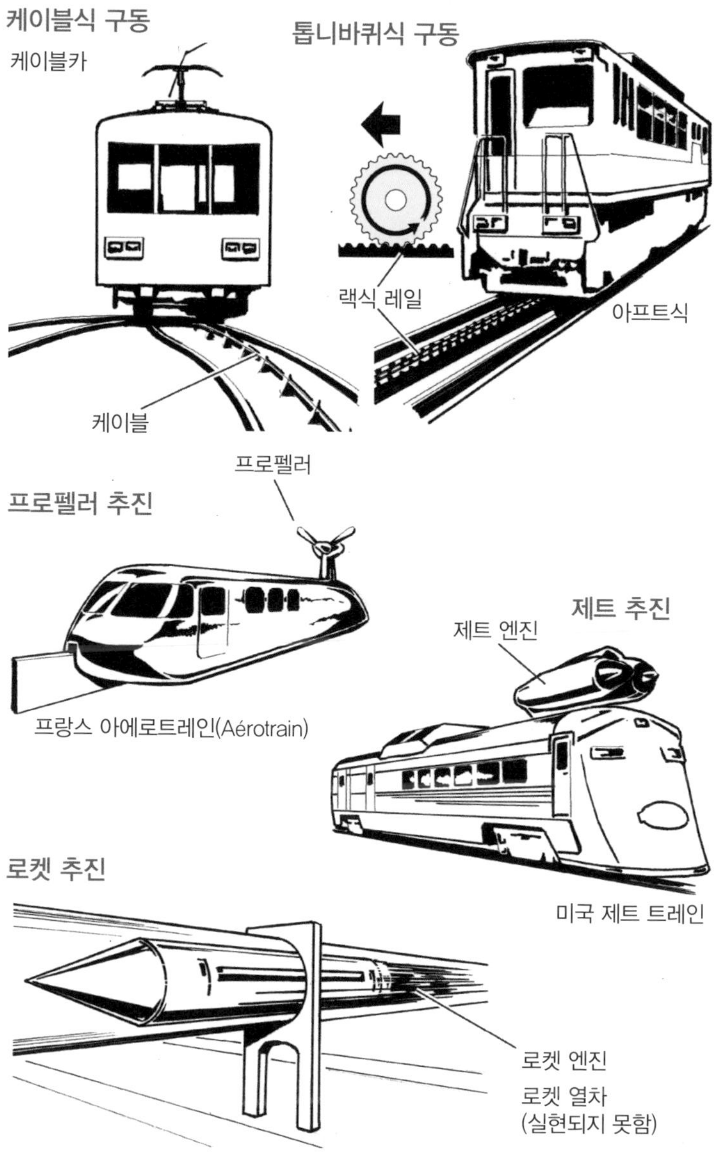

1-12 고무 타이어 바퀴로 달리는 전차

추진 방법뿐만 아니라 바퀴의 재료도 바꾸려고 노력한 결과, 고무 타이어 바퀴로 달리는 철도 차량이 탄생했습니다. 도시 모노레일이나 신교통 시스템, 일부 지하철에서 이미 고무 타이어 바퀴를 장착한 전차가 달리고 있습니다.

고무 타이어 바퀴는 지면에 닿을 때 마찰력이 크게 작용하므로 철 바퀴보다 미끄러지기 어렵고, 또 고무 타이어는 스프링 성질을 갖는 탄성체여서 주행 시 발생하는 충격이나 소리를 줄일 수 있습니다. 이러한 뛰어난 장점을 살리면 철 바퀴로는 실현하기 어려운 급가속이나 급브레이크, 경사가 심한 오르막길을 오를 수 있으며 달릴 때의 소음도 줄일 수 있습니다.

고무 타이어 바퀴를 장착한 철도 차량은 프랑스에서 처음 만들어졌으며 발달했습니다. 최초로 개발한 곳은 세계에서도 손꼽는 고무 타이어 제조업체 미쉐린으로, 1920년에는 고무 타이어 바퀴로 달리는 가솔린 자동차를 시험 제작했습니다. 이 기술은 지하철에도 응용되어 고무 타이어 바퀴를 장착한 전차가 1950년대에 파리의 지하철에 이어서 1980년대에는 릴Lille 미니 지하철VAL에도 선보였습니다.

일본은 프랑스와는 종류가 다른 시스템을 개발하여, 고무 타이어 바퀴가 장착된 전차를 도시 모노레일이나 삿포로札幌의 지하철, 신교통 시스템에 도입했습니다. 특히 철도 인근 지역의 소음이 큰 문제로 지적되었던 일본에서는 전차가 달릴 때 내는 소음이 작다는 점이 주목되었습니다.

현재는 철 바퀴를 장착한 전차의 주행 성능도 향상되어 소음 문제도 어느 정도 해결되었기 때문에, 고무 타이어 바퀴의 장점이 크게 두드러지지 않게 되었습니다. 하지만 지하철과 버스 사이의 중규모의 철도 시스템의 기술을 확립하는 데 있어서 중요한 역할을 했다고 평가받고 있습니다.

고무 타이어 바퀴 전차

파리 지하철 전차(MP88CC)

삿포로 시영(市営) 지하철 초대 전차(1000형)

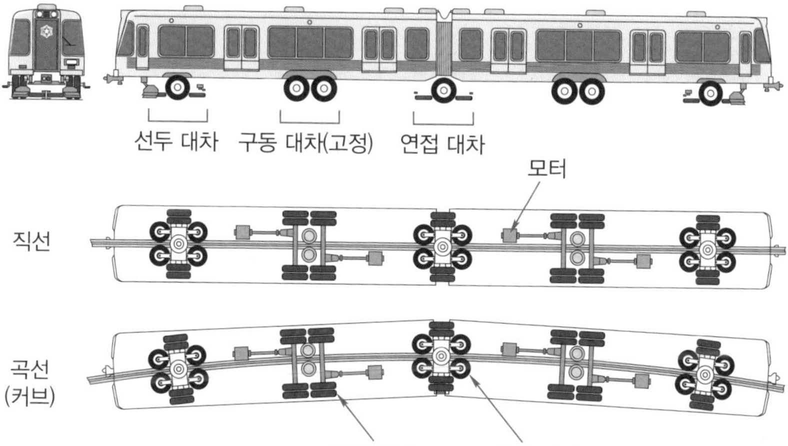

고무 타이어 바퀴(삿포로 시영 지하철 5000형)

1-13 다양한 학문이 결집된 철도 공학

교통 기관에서는 사람이나 화물을 실어 나르는 이동 차량과 그 주변 시설을 별도로 구분하여 생각합니다. 따라서 개량도 항공기와 공항, 자동차와 도로, 선박과 항구처럼 분리하여 이루어집니다. 예외적으로 ETC(전자 요금 징수 시스템)를 도입하면서 자동차 제조업체와 고속도로를 운영하는 회사가 연대하기도 했지만, 기본적으로는 쌍방이 연대할 기회가 별로 없습니다.

그러나 철도의 경우에는 연대가 중요합니다. 예를 들어, 열차의 속도를 높이려면 차량뿐만 아니라 선로 등의 시설 개량도 해야 합니다. 전차의 팬터그래프처럼 차량과 시설이 접촉하는 부분을 개량하려면 양쪽 모두를 고려해야 합니다. 수송 능력을 높이기 위해서는 차고나 역의 규모, 차량, 직원 수 등 다방면의 조건을 고려해서 열차의 운행 횟수를 늘리거나 열차를 장대 편성해야 합니다. 즉, **차량이나 시설, 직원 등이 서로 연대하는 시스템이라고 할 수 있습니다.**

때문에 철도의 주요 연구 개발 분야는 다양한 학문 분야와 관계하고 있습니다. 특히 철도 기술과 밀접한 관계가 있는 공학은 토목·기계·전기를 중심으로 거의 모든 분야와 관련이 있기 때문에, '**철도 공학은 종합적인 공학**'이라고도 불립니다. 또 철도와 관련해서는 이용객뿐만 아니라 현장에서 일하는 사람도 있기 때문에, 심리학 등 인간 과학과 의학 분야 등과도 관계가 있습니다. 이러한 이유로 특정 학문 분야의 시점만으로 철도 전체를 말하기는 어려우며 전체상을 파악하기 힘듭니다. 그만큼 많은 사람들이 다양한 분야에서 지혜를 모으고 있기 때문에 철도를 부분적으로 살펴보기만 해도 여러 가지를 발견해 낼 수 있습니다.

철도의 연구 개발 분야와 학문 분야

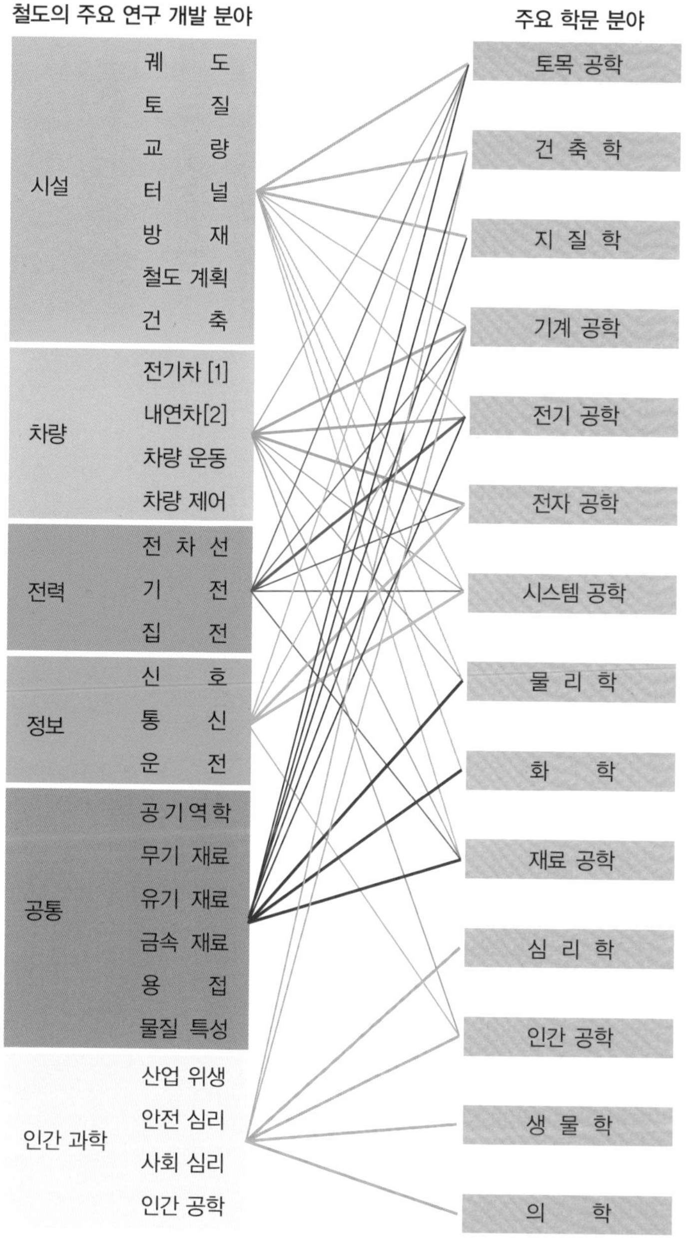

[1] 전차·전기 기관차, [2] 디젤 동차·디젤 기관차 출처: 참고문헌 [10]·그림 1.2

COLUMN

경사와 커브

육상에는 지형에 따라 오르막과 내리막이 있으며 산과 건물 등의 장애물도 많아서, 출발 지점부터 목표 지점까지를 모두 직선으로 연결하고 땅을 평평하게 만드는 것은 곤란합니다. 때문에 철도와 도로에는 경사(구배)나 커브(곡선)가 있습니다. 일반적으로 '곡선'보다는 '커브'라는 말이 더 이해하기 쉬울 것 같아서 이 책에서는 '경사'와 '커브'라는 말을 쓰겠습니다.

경사와 커브가 '심한 정도'는 숫자로 표시합니다. 경사는 직각 삼각형의 빗변에 비유하여 수직변의 길이를 수평변의 길이로 나눈 값으로 '심한 정도'를 표시합니다. 도로에서는 그 값을 백분율(%)로 나타내는데, 철도에서는 천분율(‰: 퍼밀)로 나타냅니다. 예를 들어, 수평 방향으로 1,000m를 진행하고 수직 방향으로 20m를 오르고 내렸다면, 경사는 20퍼밀(‰)입니다. 값이 크면 클수록 '경사가 심한 비탈길'이 됩니다.

커브는 원의 일부로 보고 그 원의 반경을 m 단위로 '심한 정도'를 표시합니다. 반경이 크면 클수록 '완만한 커브'가 됩니다.

경사

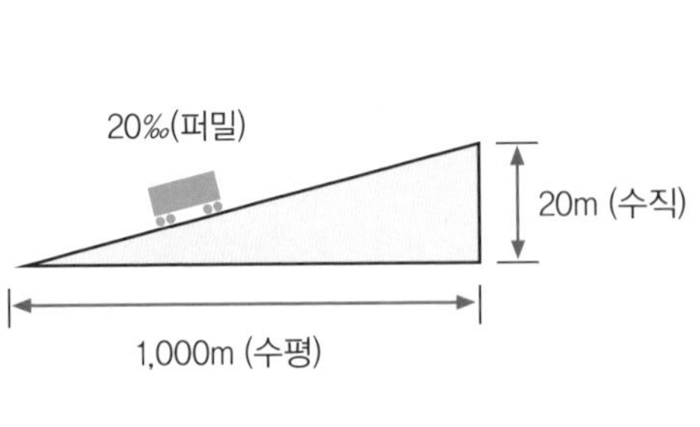

커브

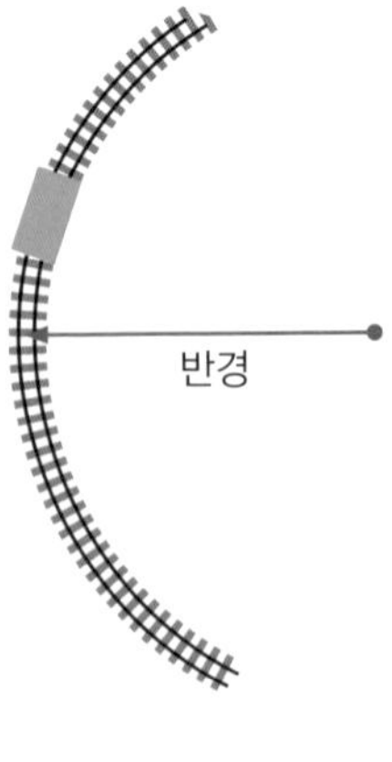

2장

다양한 종류의 철도 차량

차량은 용도나 동력에 따라 종류가 다양합니다.

2장에서는 그것들을 정리하여

각각의 특징에 대해서 살펴보겠습니다.

2-01 용도에 따른 다양한 철도 차량

선로를 달리는 차량을 모두 '전차'라고 부르는 이들이 있습니다. 물론 정확한 말은 아니지만 일본에서는 틀렸다고 딱 잘라 말하기가 어렵습니다.

철도 차량(이하 차량)에는 다양한 종류가 있으며, 용도로 분류하면 크게 네 종류로 나눌 수 있습니다. 열차를 견인하는 '기관차', 여객을 수송하는 '여객차', 화물을 수송하는 '화물차', 그리고 '특수차'입니다. 우리가 전차라고 부르는 것은 여객차의 일종이며 일본의 경우에는 여객차의 약 94%를 전차가 차지합니다. 도쿄 등의 대도시권에서는 전차의 비율이 거의 100%이기 때문에 '사람이 타는 차량은 모두 전차'라고 해도 과언이 아닙니다. 또 일본의 철도에는 약 4.9만 칸의 전차가 달리고 있으며, 차량 전체(6.6만 칸)의 약 76%를 차지합니다. 화물차를 포함한 철도 차량 전체로 봐도 전차의 수가 많습니다.

이는 일본 철도의 큰 특징이기도 합니다. 해외의 장거리 여객 열차를 보면 기관차가 견인하는 객차 열차가 많습니다. 일본 역시 과거에는 그랬지만, 제2차 세계 대전 이후에 전차가 급속하게 보급되면서 여객 열차의 상당수를 전차가 차지하게 되었습니다. 현재 객차가 활약하는 곳은 침대 열차나 이벤트 열차로 한정되어 있습니다.

왜 전차의 보급이 이렇게까지 많아졌을까요? 여기에는 여러 요인이 있지만, 진행 방향을 반대로 바꾸기 쉽고 고밀도 여객 수송이 가능하다는 점, 아울러 무거운 기관차가 달릴 수 없는 지반이 약한 지역에서도 달릴 수 있다는 점 등 일본의 철도 및 국토의 특수성에 적합한 점을 가장 큰 요인으로 들 수 있습니다.

용도에 따른 분류

출처: 참고문헌 [5]·그림 2.4.1

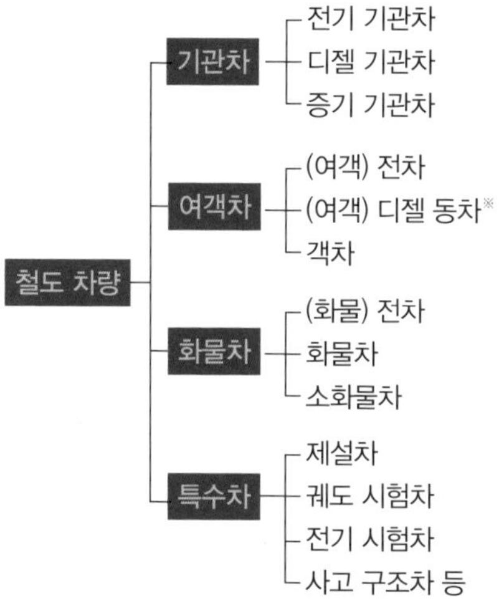

※ 현재 일본에서 사용하지 않는 내연 동차(가솔린차, 가스 터빈차 등)는 제외했다.

일본에서의 철도 차량의 비율

재적 차량 합계(65,582칸)※

여객차(52,788칸)※

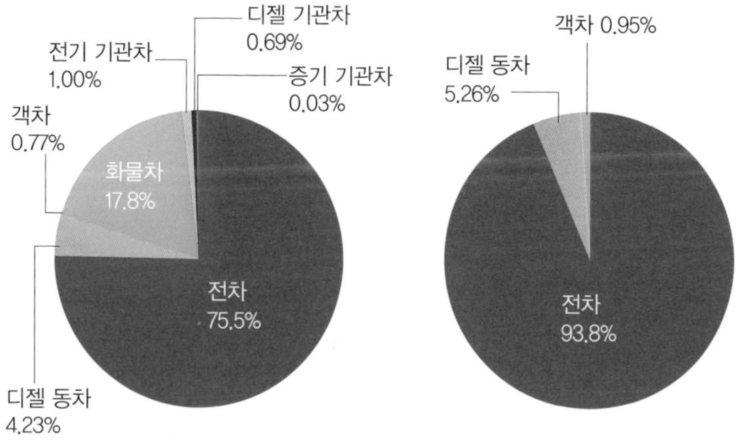

※ JR그룹 + 공영 + 민간 철도의 합계. 특수차 제외.

데이터 출처: '재적 차량 수(2012년 4월 1일 현재)' 일본 차량 제조 공업회 웹 사이트

현재, 일본 철도는 여객차의 약 94%를 전차가 점유하고 있다. 해외의 철도에서는 지하철이나 노면 전차에서 전차를 사용하지만, 장거리 여객 열차에는 객차를 사용하는 경우가 많다.

2-02 전기 기관 동력이 뛰어난 이유

차량이 움직이기 위해서는 동력이 필요하며, 대부분의 차량이 동력으로 바퀴를 움직여서 점착식 구동을 합니다. 그중에는 전차나 디젤 동차처럼 스스로 동력을 가지고 그 동력을 이용하여 달리는 차량도 있지만, 객차나 화물차처럼 스스로는 동력을 갖지 않고 기관차에 견인되어 움직이는 차량도 있습니다.

현재, 차량에서 주로 사용하는 동력은 전기 기관과 디젤 기관입니다. 과거에는 석탄과 물을 소비하는 증기 기관이 증기 기관차로 사용되었지만 현재는 거의 사용되지 않습니다.

전기 기관으로 움직이는 전차나 전기 기관차는 외부에서 전기를 끌어오므로 연료 보급이 필요 없고, 연속으로 장거리를 달릴 수 있다는 장점이 있습니다. 하지만 선로에 가선전기 철도에서 전기 기관차나 전차에 전력을 공급하기 위한 전선 - 역주을 설치해야 하는 등 차량에 전기를 공급하기 위한 전화電化 공사가 필요하므로 운전을 위해 막대한 비용이 들어갑니다.

그럼에도 일본에서는 에너지 자급률을 높이기 위해 제1차 세계 대전 이후에 국가사업으로 철도의 전화를 추진해왔습니다. 증기 기관차를 전기 기관차로 바꾸면 석탄을 공업 쪽으로 돌릴 수 있고, 기복이 심한 지형을 살려서 수력 발전을 하면 철도에서 필요로 하는 전기를 마련할 수 있습니다. 에너지 자원이 부족한 일본의 사정이 철도의 전화를 가져온 요인이 된 것입니다. 물론 연기가 심하고 에너지 효율이 낮은 증기 기관차를 폐지하고 수송의 근대화를 꾀하려고 한 것도 큰 목적이었습니다.

현재, 일본 철도(궤도 포함)의 전화율은 62.6%(2008년)로 거의 100%인 스위스에는 미치지 못하지만 프랑스·영국·미국보다는 높습니다. 이것도 전차가 보급된 요인 중 하나입니다.

증기 기관차의 석탄 공급과 급수 작업

증기 기관차는 석탄과 물을 소비하므로 석탄 공급과 급수 작업을 계속 하지 않으면 달릴 수 없다. 연료 보급이 필요하다는 점은 디젤 기관차나 디젤 동차도 마찬가지이다. 사진은 모오카(真岡) 철도의 석탄 공급과 급수 작업.

에너지 효율·견인에 유효한 에너지 비율(%)

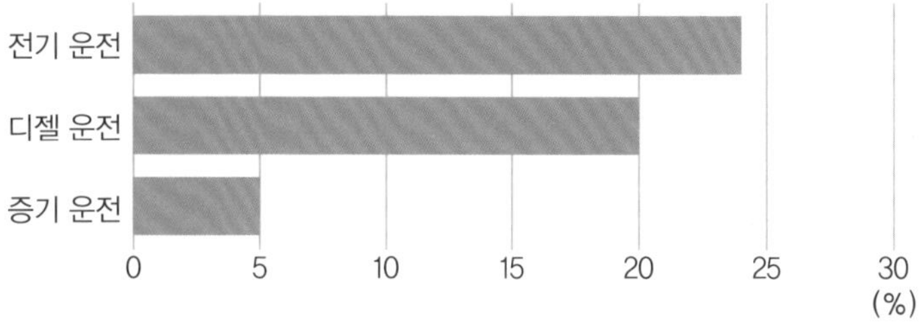

※전기 운전의 수치는 화력 발전소로부터 송전으로 직류 전화한 경우

증기 기관차에 의한 증기 운전에서 전기 기관차를 운전하는 전기 운전으로 바꾸면 에너지 효율이 높아지고, 전기 공급을 받으면서 달릴 수 있기 때문에 연료 등을 보급할 필요가 없어져서 장거리를 연속으로 주행할 수 있게 된다.

데이터 출처: 참고 문헌 [6], 표 1·2

2-03 동력 집중 방식과 동력 분산 방식

열차의 동력 배치 방법에는 동력 집중 방식과 동력 분산 방식이 있습니다. 동력 집중 방식은 기관차가 견인하는 열차처럼 동력 장치를 몇 개의 차량(기관차)에 집중 배치하는 방식이며, 동력 분산 방식은 전차나 디젤동차처럼 동력 장치를 편성된 여러 차량에 분산 배치하는 방식입니다.

동력 집중 방식은 점검이 필요한 기기가 기관차에 집중되어 있어 차량 보수가 쉽다는 장점이 있는 반면, 종점에서 기관차를 교환해야 하므로 진행 방향을 반대로 바꾸기가 어렵다는 문제가 있습니다. 현재는 열차의 앞뒤 양끝에 기관차, 또는 기관차와 제어차(운전대가 있는 차량)를 연결하는 푸시풀push-pull 방식의 열차가 있어서 진행 방향을 반대로 바꾸기 쉬워졌습니다.

동력 분산 방식은 동력 집중 방식보다 차량 보수가 힘들지만, 무거운 기관차가 필요하지 않아 선로에 부담을 적게 준다는 이점이 있습니다. 최근에는 차량 정비 작업의 간략화(메인터넌스 프리)maintenance free를 꾀하면서 유지가 쉬워졌습니다.

동력 집중 방식과 동력 분산 방식은 어느 쪽이나 장단점이 있기 때문에, 어느 쪽이 좋다고 단정하기는 어렵습니다. 하지만 일본의 철도는 여객 열차 대부분이 동력 분산 방식을 따르고 있습니다. 그 이유는 역 설비에 여유가 없어서 기관차의 교환이 어렵고, 지반이 약한 곳이 많은 일본에서는 무거운 기관차가 맞지 않아서, 선로에 부담을 적게 주는 동력 분산 방식이 적합했다는 점을 들 수 있습니다. 또 전차의 경우 편성 중의 모터 수가 전기 기관차보다도 많아지므로, 모터를 사용하여 브레이크를 거는 전기 브레이크를 효율적으로 사용할 수 있다는 장점이 있습니다.

동력 배치의 종류

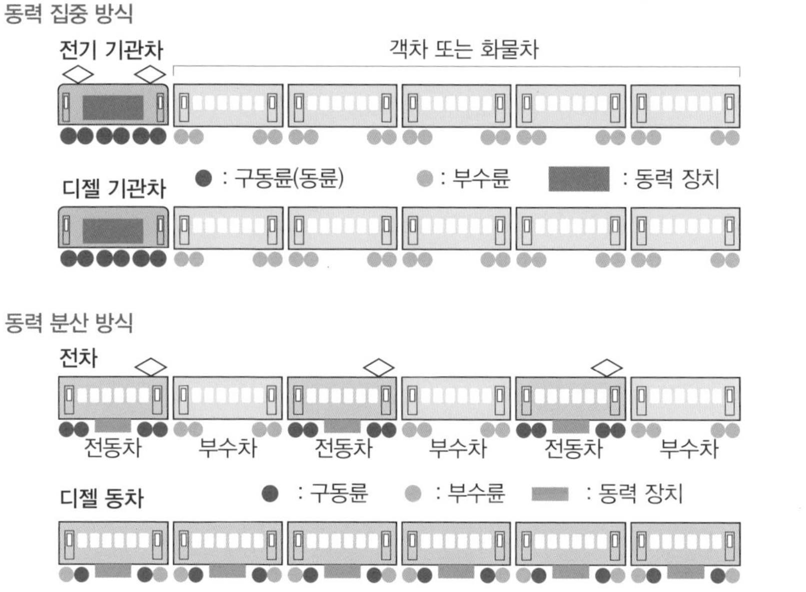

유럽의 국제 열차 '유로스타'

영국·프랑스·벨기에 3개국을 달린다. 최고 속도는 시속 300km. 사진의 편성은 객차 18칸과 전기 기관차 2칸(앞뒤 양끝)을 연결한 동력 집중 방식.

2-04 노면 전차에서 고속 철도까지 폭넓게 활약하는 전차

전차는 일본에서 가장 널리 사용되는 여객차입니다. 노면 전차나 지하철, 모노레일, 신교통 시스템, 신칸센에 이르기까지 다양한 철도에서 전차가 달리고 있습니다. 전차가 보급된 이유에 대해서는 앞에서도 이야기했으므로 여기서는 모터의 힘을 바퀴에 전달하는 구동 방식에 대해서 설명하겠습니다.

과거 일본의 전차는 구동 방법에 조괘 구동 방식을 채용했기 때문에 진동이 차체에 전달되기 쉬워서 승차감이 좋지 않았습니다. 그래서 전쟁 이후, 미국으로부터 카르단cardan 구동 기술을 도입했고, 카르단 구동의 도입으로 진동이 차체에 전달되기 어려워져서 승차감도 좋아졌습니다. 이로써 승차감을 중시하는 장거리 특급열차와 고속 주행하는 신칸센의 열차에도 전차가 도입되면서 전차의 활약이 커졌습니다.

최근에는 모터의 회전 제어 기술이 발달하여 회생 브레이크나 유도 모터를 도입한 전차가 증가했습니다. 회생 브레이크는 전기 브레이크의 일종으로, 모터가 발전한 전기를 가선 등에 되돌려서 다른 전차가 소비하게 하여 브레이크 힘을 얻습니다. 유도 모터는 기존의 전차에서 사용되던 직류 직권 모터보다 작고 가벼워서, 고장을 일으키기 쉬운 전기적 접점이 없기 때문에, 보수 작업이 간단해진 것이 뛰어난 장점입니다. 과거에는 제어가 어렵다고 알려져 있었지만, 전압과 주파수로 제어하는 VVVF 인버터 제어 기술이 확립되면서 전차에서 사용할 수 있게 되었습니다.

회생 브레이크와 유도 모터를 도입한 전차는 기존에 비해 소비 전력이 낮고 보수도 쉬워졌습니다. 전차를 이용하는 승객에게는 직접적인 관계가 없지만 철도 운영에 있어서는 상당한 발전입니다.

노면 전차

마쓰야마(松山) 시내선을 달리는 이요(伊予) 철도의 모하 2100형. 차체의 일부 바닥면을 낮게 만든 저상 LRV(p132 참조)로 정류장의 플랫폼과의 단차를 줄여서 승하차를 쉽게 했다.

근교형 전차

하카타(博多) 역으로 들어오는 JR 규슈 813계. 후쿠오카(福岡) 근교의 도시 간 수송을 담당하고 있다.

신칸센 전차

오미야(大宮) 역으로 들어오는 JR 히가시니혼(東日本, 동일본) E2계. 1997년에 운전을 시작한 신칸센 열차로, 도호쿠(東北) · 조에쓰(上越) · 호쿠리쿠(北陸) 신칸센을 달린다. 일본에서는 고속철도에도 전차가 달린다.

2-05 선두에서 화물 열차와 침대 열차를 이끄는 전기 기관차

전기 기관차는 모터의 힘으로 구동하여 화물차와 객차를 견인하는 기관차입니다. 일본에서는 대부분의 경우 화물 열차의 선두에 서지만 객차를 연결한 침대 열차의 선두에 서기도 합니다.

전기 기관차는 견인력이 클수록 열차 1대당 수송력이 높아지지만 실제로는 견인력을 올리기가 어렵습니다. 축중이나 소비 전력 등이 제한되어 있기 때문입니다.

축중이란, 차축 1개가 부담하는 무게(수직 방향의 하중)를 말하며 축중이 커질수록 마찰력이 크게 작용하므로 견인력이 커집니다. 즉, 축중을 크게 하면 전기 기관차가 한 번에 많은 화물차와 객차를 견인할 수 있습니다.

하지만 축중이 너무 크면 차축의 무게를 견디지 못해서 선로가 망가지는 궤도 파손이 생깁니다. 때문에 축중에는 상한을 두고 있습니다. 일본의 철도는 축중을 16톤(정확하게는 5% 추가하여 16.8톤) 이하로 제한합니다. 20톤 이상의 축중을 허용하는 유럽과 미국의 철도에 비해서 일본 철도의 축중이 작은 이유는 일본의 경우 지반이 약한 지역이 많은 것과 관계가 있습니다.

모터 수는 같아도 모터 1개당 출력을 높이면 견인력도 커집니다. 단, 변전소 등의 지상의 전기 설비에 부담이 커지므로, 출력이 큰 모터를 탑재하여 전기 기관차의 출력을 높이는 데는 한계가 있습니다.

전기 기관차는 이러한 제약 속에서 최대한 능력을 발휘하도록 설계되었습니다. 최근에는 전차 기술을 응용하여 에너지 절약과 차량의 정비 작업을 간략화하려는 노력과 더불어 바퀴(동륜)가 헛돌거나 미끄러지는 것을 방지하는 연구도 진행되고 있습니다.

EF510형 교직류 전기 기관차

직류 전화 구간과 교류 전화 구간 양쪽을 주행할 수 있는 기관차이다. 붉은색 전차(0번대)는 JR 화물 소속. 파란색 전차(500번대)는 JR 히가시니혼(동일본) 소속으로 침대 특급 '호쿠토세(北斗星)'의 선두에도 선다.

EH500형 교직류 전기 기관차

정격 출력 565kW인 EH500형의 모터.
모터 1개로 동축(동륜에 고정된 차축-역주) 1개를 구동한다.

도호쿠(東北) 본선을 달리는 화물 열차의 선두에 선 JR 화물 소속의 EH500형. 차체가 2개, 동축이 8개 있으며, 세이칸(青函) 터널도 주행 가능하다. 애칭은 '에코파워 킨타로(ECO POWER 金太郎)'.

2-06 비전화 구간과 차량 교체 작업에서 활약하는 디젤 기관차

디젤 기관차는 디젤 엔진을 동력원으로 하는 기관차입니다. 비전화 구간에서 화물 열차 및 여객 열차를 견인하거나 차량 기지와 화물 터미널 등에서 차량을 교체하는 작업에도 사용됩니다. 전화·비전화에 관계없이 어디서나 달릴 수 있는 점이 큰 장점입니다.

디젤 엔진의 동력을 바퀴(동륜)에 전달하는 방법에는 주로 기계식·액체식·전기식 세 종류가 있습니다. 기계식과 액체식은 변속기를 통해 바퀴에 동력을 전달하는 방법입니다. 기계식은 톱니바퀴 변속기를 사용하는 점이 승용차의 MT(수동 변속)차와 비슷하고, 액체식은 액체 변속기를 사용하는 점이 승용차의 AT(자동 변속)차와 비슷합니다. 전기식은 디젤 엔진의 동력으로 발전기를 돌려 얻은 전기로 모터를 돌리며 바퀴를 구동합니다. 스스로 발전하여 모터로 구동하는 점은 승용차의 하이브리드 카와 비슷합니다.

현재의 디젤 기관차에는 기계식이 거의 사용되지 않습니다. 나머지 액체식과 전기식에는 각각 장단점이 있지만, 유럽과 미국에서는 전기식의 디젤 기관차가 주로 달리며 일본에서는 액체식 디젤 기관차가 많이 달립니다. 일본에서는 1950년대까지 독일의 기술을 수입하여 전기식 디젤 기관차를 개발했는데, 구조가 복잡할 뿐 아니라 무겁고 잦은 고장이 문제가 되었습니다. 그래서 구조가 간단하고 일본의 철도에 맞는 액체식 디젤 기관차를 개발한 것입니다. 지금은 기술의 발달로 문제가 해결되었기 때문에 홋카이도北海道에 전기식 디젤 기관차가 달리고 있습니다. 또 축전지를 탑재한 하이브리드 디젤 기관차도 등장하여 화물차 교체 작업에 사용되고 있습니다.

동력 전달의 종류

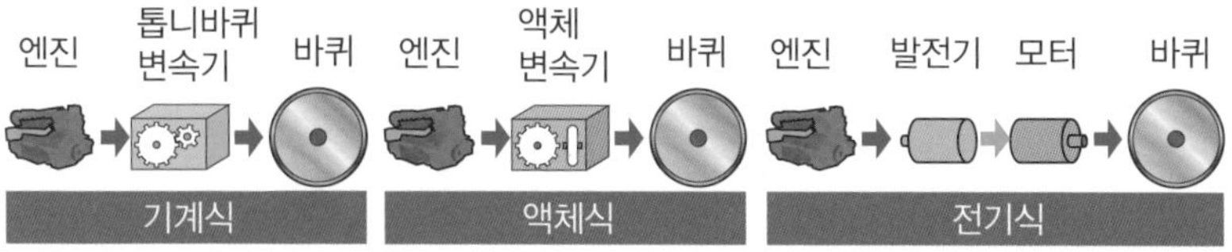

전기식 DF200형 디젤 기관차

하코다테(函館) 본선을 달리는 화물 열차의 선두에 선 DF200형. 전기식으로, 디젤 엔진으로 발전한 전기로 모터를 돌려서 구동한다. 애칭은 '에코파워 레드 베어(ECO POWER RED BEAR)'.

액체식 DE10형 디젤 기관차

차량 기지 등에서 교체 작업에 사용되는 DE10형. 액체식으로 액체 변속기를 통해 디젤 엔진의 동력을 동륜에 전달한다.

2-07 비전화 노선을 달리는 디젤 동차

디젤 동차는 전차와 마찬가지로 여객 등을 수송하면서 스스로 달리는 차량으로 디젤 엔진을 동력원으로 합니다. 일본에서는 주로 지방의 비전화 노선을 달립니다.

디젤 동차는 기동차나 내연 동차라고도 불리는데, 이 말에는 가솔린 동차나 가스 터빈 동차도 포함됩니다. 가솔린 엔진으로 움직이는 가솔린 동차는 일본에서는 연료의 위험성이 문제가 되어 전쟁 후에는 볼 수 없게 되었습니다. 가스 터빈으로 움직이는 가스 터빈 동차는 1960년대 미국과 일본 등에서 개발되었지만 연비가 나쁘고 소음이 크다는 문제로 일본에서는 실용화되지 않았습니다. 이러한 배경 때문에 현재의 일본 기동차는 디젤 동차가 차지하고 있으며 대부분이 액체식 디젤 동차입니다.

일본은 전차뿐만 아니라 디젤 동차의 수도 특히 많은 나라입니다. 증기기관차의 폐지와 더불어 디젤 동차의 수가 급증한 1970년대에는 일본은 일시적으로 영국을 제치고 세계 최다 디젤 동차 보유국이 되었습니다. 그 후 전화 구간의 확대와 국철의 경영 악화로 그 수가 줄었지만, 그래도 해외에서 보면 디젤 동차의 활약이 많은 편입니다.

그런데 국철 시대에는 출력이 작고 주행 성능이 전차에 못 미치는 디젤 동차가 많이 있었습니다. 전력을 이용하여 동력을 얻는 '전화'의 추진으로 디젤 동차의 개발이 뒤쳐졌기 때문입니다. JR로 바뀌면서 전차에 못지않은 주행 성능을 갖춘 대출력 디젤 동차 및 커브를 고속으로 통과할 수 있는 진자식 디젤 동차가 등장하고 선로가 개량되었기 때문에 비전화 노선의 속력 이 향상되었습니다.

비전화 구간을 달리는 디젤 동차

간토(關東) 철도 조소(常総)선

수도권에서는 드문 비전화 노선 중 하나로, 다양한 차종의 디젤 동차가 달린다. 오른쪽 2칸은 국철의 디젤 동차(키하 35계)를 양도받아 개조한 차량이다. 2009년 미쓰카이도(水海道) 차량 기지에서 촬영.

JR 도카이(東海) 특급 '히다'

비전화의 JR 다카야마(高山) 본선을 경유하여 오사카(大阪)·나고야(名古屋)~다카야마(高山)·도야마(富山)를 연결한다. 사진의 디젤 동차(키하 85계)는 영국 공장에서 제조된 고출력 엔진을 탑재하여 속력 향상을 꾀했다.

2-08 축전지를 활용한 하이브리드 철도 차량

철도 차량에도 축전지를 활용한 하이브리드 동차가 있습니다. 여기서는 일본에서 개발된 하이브리드 디젤 동차와 하이브리드 노면 전차를 소개하겠습니다.

하이브리드 디젤 동차는 디젤 엔진과 모터, 양쪽을 사용하여 구동하는 차량으로 JR 히가시니혼이 개발한 키하E200형과 긴키近畿 차량이 시험 제작한 '스마트 베스트Smart BEST'가 있습니다. 키하E200형은 세계 최초의 영업용 하이브리드 디젤 동차로 2007년부터 JR 고우미小海선을 달리고 있습니다. 이들은 축전지나 회생 브레이크를 사용하여 에너지 효율을 높인 차량입니다. 연비를 향상시키고 CO_2 등의 온실 효과 가스 및 PM(입자물질)의 배출량을 줄였을 뿐만 아니라 생산량이 많은 전차와 공통 부품을 사용하여 비용 절감을 꾀한 것이 장점입니다.

하이브리드 노면 전차는 외부 또는 축전지의 전기로 움직이는 전차입니다. 가선이 있는 구간에서는 팬터그래프로 끌어들인 전기를 축전지에 충전하고, 가선이 없는 구간에서는 축전지의 전기로 달릴 수 있습니다. 하이브리드 노면 전차로는 철도 종합 기술 연구소가 제작한 '하이 트램Hi-tram', 가와사키川崎 중공업이 시험 제작한 '쉬모SWIMO', 긴키 차량이 시험 제작한 '아메리 트램ameri TRAM'이 있습니다. 이들은 노면 전차의 소비 전력을 줄여주고 도시 경관을 위해 부분적으로 가선을 없애는 것도 가능할 것으로 기대를 모으고 있습니다. 노면 전차가 아닌 일반적인 유형으로는 JR 히가시니혼이 제작한 '스마트 전지군'이 있습니다. 이것을 실용화한 차량이 비전화의 JR 가라스야마烏山선에 도입될 예정입니다2014년 도입 - 역주.

하이브리드 디젤 동차

키하E200계(JR 히가시니혼)

JR 히가시니혼이 개발한 세계 최초의 영업용 하이브리드 디젤 동차. 2007년에 JR 고우미선에서 영업 운전을 개시했다.

하이브리드 시스템

· 브레이크를 밟을 때 모터를 발전기로 이용하여 축전지에 충전한다.

· 발전기나 축전지의 전력을 이용하여 전차와 마찬가지로 제어 장치로 모터를 구동한다.

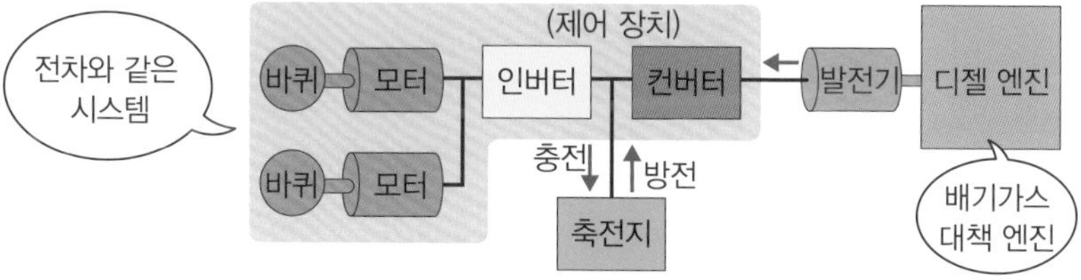

그림 출처: 2005년 11월 8일 JR 히가시니혼 보도 자료

디젤 발전기가 장착된 전차에 축전지(리튬 이온 2차 전지)를 끼워 넣은 구성이며 축전지의 전기로도 구동이 가능하다. 회생 브레이크를 사용할 때는 모터로 발전한 전기를 축전지에 충전한다.

하이브리드 노면 전차

Hi-tram
(철도 종합 기술 연구소)

팬터그래프에서 받은 전기를 축전지에 충전할 수 있으며, 축전지의 전기만으로도 구동할 수 있다. 사진은 2007년 겨울, 삿포로 시덴(市電, 시에서 운영하는 노면 전차-역주)에서 시행한 시험 주행.

2-09 이벤트 열차로 활약하는 증기 기관차

지금처럼 전차나 디젤 동차 등이 보급되기 전, 많은 열차를 견인했던 증기 기관차는 전차에는 없는 고유의 매력이 있습니다. 달리면서 연기와 증기를 내뿜는 모습을 비롯해 바퀴를 움직이는 연결봉 등 움직이는 부분이 그대로 드러난 것을 보면 증기 기관차 특유의 박력이 느껴집니다. 하지만 이러한 증기 기관차는 일본의 국철(현재 JR)에서 1976년에 사라졌습니다. 유원지에 있는 것을 제외하고, 현재 달리고 있는 증기 기관차는 폐차 후에 해체되지 않고 공원 등에 보존했던 것을 이후에 복원한 것입니다. 왜 증기 기관차는 사라지게 된 것일까요? 그 이유는 나중에 등장한 전기 기관이나 디젤 기관으로 움직이는 철도 차량과 비교했을 때 문제가 많았기 때문입니다.

증기 기관차는 산업 혁명이 일어난 19세기 초, 영국에서 탄생했습니다. 세계 최초의 증기 기관차는 1804년에 10톤의 철과 70명의 여객을 실은 페니다렌Penydarren호로 리처드 트레비식Richard Trevithick이 개발했습니다. 증기 기관차의 탄생은 사람이나 말의 힘을 빌리지 않고 육상에서 많은 사람과 물건을 한 번에 실어 나르는 일을 가능하게 하여 교통에 혁명을 가져왔습니다. 하지만 전기 기관과 디젤 기관으로 움직이는 차량이 등장하자 연기와 그을음의 폐해 그리고 에너지 효율성이 낮고 보수가 힘든 결점들이 눈에 띄게 되었습니다. 또 자동차나 항공기가 발달하면서 철도의 수송 수요가 줄었기 때문에 경영의 합리화가 필요해졌습니다. 그 결과 국철에서 증기 기관차를 전부 폐지한 것입니다.

지금은 이벤트 열차로 증기 기관차가 달리고 있습니다. 매번 운전을 시작하기 전후에 준비와 정리를 위해서 많은 사람들이 시간을 들여 작업하는 모습을 보면 증기 기관차가 사라진 이유를 잘 이해할 수 있습니다.

현재 운전되고 있는 SL 열차

오이가와(大井川) 철도 'SL 급행'

1976년부터 운전. 견인용 증기 기관차는 현재 5칸. 구형 객차를 사용하여 증기 기관차 전성기의 분위기를 남기고 있으며 영화나 텔레비전 드라마 로케에도 자주 사용되고 있다.

모오카(真岡) 철도 'SL 모오카'

1994년부터 주말마다 1일 1회 왕복 운전. 2칸의 증기 기관차(C11형, C12형)를 연결하여 운전(사진)하기도 하며, 1칸(C11형)이 JR 히가시니혼에 대여되기도 한다.

2-10 여객을 태우는 객차와 화물을 싣는 화물차

기관차에 견인되는 차량에는 여객을 수송하는 **객차**와 화물을 운반하는 **화물차**가 있습니다. 과거 일본의 철도는 객차가 대부분의 여객 열차로 사용되었지만, 지금은 전차나 디젤 동차에 밀려 침대 열차나 이벤트 열차 이외에는 활약의 장을 잃어버렸습니다. 남은 객차의 대다수는 폐차되어 해체되었고, 그중에는 태국 등 해외에 양도되거나 조이풀 트레인(호화 여객 열차)이라 불리는 단체 전용 차량 및 디젤 동차로 개조되기도 했습니다.

화물 수송에는 지금도 화물차가 사용되고 있습니다. 화물에는 다양한 종류가 있기 때문에 그에 맞추어 컨테이너를 운반하는 **컨테이너차**, 석유 등 액체를 운반하는 **탱크차**, 돌가루나 시멘트 등의 가루를 운반하는 **호퍼차**hopper 등 구조가 다른 화물차가 있습니다. 특이한 화물차로는 바퀴 수가 많은 대형 화물차가 있으며 크고 무거운 화물을 운반하는 데 사용됩니다. 현재는 속력 향상을 꾀하기 위해 고속 주행이 가능한 화물차가 늘고 있습니다. 또 해상 컨테이너에도 대응하고, 시속 110km로 주행이 가능한 컨테이너차도 증가하는 추세입니다.

컨테이너 수송은 트럭이나 배에 옮겨 싣는 것이 쉽다는 장점이 있습니다. 일본의 철도 화물 수송에서 주류가 된 시점은 트럭과의 경쟁이 심해진 1970년대 이후입니다. 그전까지는 조차장여객차와 짐차를 조절하고 철도에서 열차를 잇거나 떼어 내는 곳 - 역주에서 화물 열차의 화물차를 행선지별로 다시 짜야 했는데, 효율이 나쁘고 소요 시간이 길었기 때문에 유럽과 미국에서 이미 보급되던 컨테이너 수송을 도입하여 효율성을 높였습니다.

도쿄東京~오사카大阪 구간을 달리는 화물 열차 중 일부는 컨테이너를 실은 화물 열차가 달리고 있습니다.

남은 객차 → 조이풀 트레인(단체 전용 차량)

2008년에 은퇴한 JR 히가시니혼의 객차 '유토리'는 좌석차를 유럽풍 객차(살롱 익스프레스 도쿄)와 일본식 객차로 개조한 객차이다. 국철 시대가 끝나갈 무렵부터 JR 초기(JR 발족은 1987년-역주)까지는 이렇게 남은 객차를 이용한 조이풀 트레인이 많이 등장했다.

남은 객차 → 디젤 동차

남은 객차를 개조한 JR 홋카이도 디젤 동차(키하 141계). 삿포로 근교에서 도시화가 진행되면서 삿쇼(札沼)선에서 운행되었지만, 2012년 삿쇼선의 열차가 전차로 바뀌면서 활약의 장이 줄었다.

화물차

호퍼차

알갱이나 분말 등의 화물을 운반하는 화물차. 돌가루, 광석, 시멘트 등의 운반에 사용된다.

탱크차

액체를 운반하는 화물차. 가솔린 등의 석유 제품이나 화학 물질의 운반에 사용된다.

컨테이너차

컨테이너를 운반하는 화물차. 컨테이너 수송의 증가로 현재는 화물차의 주류를 이룬다.

2-11 특수차와 보선용 차량

선로를 달리는 차량 중에는 여객이나 화물을 수송하는 영업 열차로 사용되지 않는 **특수차**와 **보선용 차량**이 있습니다. 보선용 차량은 철도에서는 차량이 아닌 기계로 취급하지만, 여기서는 일반인이 탈 수 없는 차량으로 소개하겠습니다.

특수차에는 선로의 눈을 치우는 **제설차**나, 선로에 이상이 없는지 확인하는 **궤도 시험차** 및 **전기 시험차**, **건축 한계 측정차** 등이 있습니다. 기관차에 연결되어 달리는 제설차에는 제설 헤드를 단 제설 디젤 기관차가 있습니다. 그리고 엔진의 힘으로 스스로 주행하는 모터 카(보선용 차량 취급)의 보급으로 JR 재래선에서는 사라졌지만, 삿포로나 하코다테의 노면 전차에는 '**사사라 전차**'라 불리는 제설차가 있습니다. 사사라라고 불리는 대나무로 만든 브러시를 모터로 회전시켜 노면 위의 눈을 쓸어서 치우는 전차입니다. 건축 한계 측정차는 선로 주변의 물체가 건축 한계의 안쪽으로 들어와 있지 않는지를 확인하기 위한 차량입니다. 살깃화살 뒤에 붙인 새의 깃 - 역주이라 불리는 막대가 많이 꽂힌 모습이 머리에 비녀를 많이 꽂은 모습과 비슷하다고 해서 '**오이란차**'라고도 부릅니다. 현재는 살깃 대신에 레이저 광선으로 계측하는 건축 한계 측정차도 있습니다. 과거에는 화물 열차에 연결하여 차장이 업무를 보는 **차장차** 및 난방용 증기를 객차에 공급하는 **난방차**가 있었지만 현재는 사용되지 않습니다. 도카이도東海道·산요山陽 신칸센을 달리는 **닥터 옐로우**(신칸센 전기 궤도 종합 시험차)도 특수차의 일종이지만 자세한 것은 4장 4-08에서 설명하겠습니다.

보선용 차량은 선로를 점검하고 정비하기 위한 차량으로 형태와 구조가 특이한 것이 많이 있습니다. 자세한 것은 6장 6-11에서 설명하겠습니다.

제설 디젤 기관차

차량 전후에 제설 헤드가 달려 있어서 선로 위의 눈을 치운다.

궤도 시험차

레일이 휘지는 않았는지 등의 이상을 검사하는 차량.

사사라 전차

대나무 브러시(청소용 빗자루)를 회전시켜서 궤도 위의 눈을 치우는 차량. 사진은 삿포로 시덴.

보선용 차량

사진은 '푸른 장군'이라는 애칭으로 불리는 JR 히가시니혼의 보선용 차량으로 궤도의 자갈 교환에 사용된다. 앞부분의 팔 모양의 장치로 궤도의 자갈을 치운다. 보통 심야에만 볼 수 있다.

COLUMN 준비 작업이 힘든 증기 기관차

증기 기관차의 준비에는 시간과 손이 많이 갑니다. 모오카 철도에서 체험 취재한 적이 있었는데 작업 개시에서 출발까지 2시간 이상이나 걸렸습니다.

우선 증기 기관차의 준비부터 살펴보면 석탄을 태워서 보일러 증기의 압력을 올려야 할 뿐만 아니라 세부 점검 및 석탄, 물, 윤활유의 보급 등 필요한 작업이 많습니다.

증기 기관차에는 움직이는 부분과 부품끼리 마찰하는 부분이 많아서 곳곳에 윤활유를 담아 두는 작은 통이 있습니다. 윤활유 통은 소형 증기 기관차라도 100곳 이상이 있으며 주행이 있는 날에는 매일 모든 윤활유 통에 윤활유를 보급해야 합니다.

가까운 차고에 정차해 있던 디젤 동차는 운전사가 차에 오르자 곧바로 움직이기 시작하여 눈 깜짝할 사이에 본선에 들어가서 플랫폼에서 승객을 태우고 사라져 버렸습니다. 증기 기관차와는 사뭇 대조적입니다.

운전 전에 준비하는 주유 작업. 100곳 이상의 윤활유 통에 윤활유를 보급한다.

3장

철도 차량의 구조

차량은 구조에 따라 여러 종류로 나뉩니다.

3장에서는 차량을 구성하는 부품에 대해 알아보고,

차량과 차체의 구조에 어떤 종류가 있는지 살펴보겠습니다.

3-01 차체와 대차

차량은 사람이나 물건을 실은 차체를 바퀴(차축)로 지지하는 구조로 이루어져 있습니다. 차축의 배치가 복잡한 기관차를 빼면 주로 이축차, 보기차, 연접차와 같이, 차체를 지지하는 방식에 따라서 종류가 다릅니다. 일본에서는 처음에는 이축차의 화물차나 객차가 사용되었지만, 현재는 차체를 길게 만들 수 있는 보기차가 많이 사용됩니다. 연접차는 대차 수가 줄어 경량화할 수 있는 이점이 있어 해외의 고속 열차 등에 사용되고 있지만, 일본에서는 오다큐小田急선의 특급 열차나 일부 노면 전차에서만 사용되고 있습니다.

대차는 차체를 지지하는 주행 장치입니다. 레일 위를 달리는 데 필요한 바퀴나 차축뿐만 아니라 차축에서 전달되는 진동이나 충격을 줄이는 서스펜션suspension 및 차량을 감속시키고 정지시키기 위한 브레이크 장치 등이 장착되어 있습니다. 전차의 전동차의 대차에는 모터나 차축에 동력을 전달하는 구동 장치가 들어 있어서 대차의 구조가 더욱 복잡합니다.

최근에는 종래의 대차에 있었던 볼스터차체 중량을 주로 받는 가로 빔 - 역주를 빼서 더욱 가벼워진 볼스터리스bolsterless 대차가 주류를 이루고 있습니다. 또 여객차에는 대차 틀과 차체 사이에 서스펜션으로 공기 스프링을 두는 것이 일반적입니다. 공기 스프링이란 압축 공기를 이용한 스프링으로, 기존의 금속 스프링으로는 다 흡수할 수 없었던 작은 진동도 흡수할 수 있는 특징이 있습니다.

차량이 고속으로 주행하면 차축이나 대차가 불안정하게 움직이는 사행동이 일어나 승차감이 나빠질 뿐만 아니라 탈선의 원인이 됩니다. 때문에 대차의 구조 및 바퀴의 노면 형상을 연구하여 사행동을 막고, 안정적으로 주행할 수 있도록 하고 있습니다.

차체를 지지하는 방식에 따른 주요 종류

서스펜션

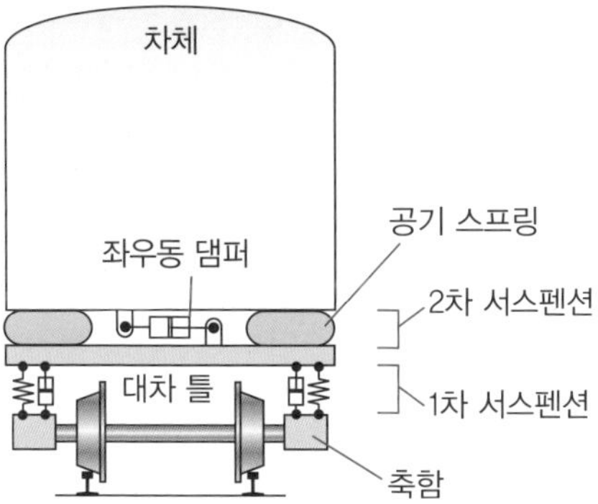

차체에 전달되는 진동이나 충격을 줄이는 역할을 한다. 최근에는 2차 서스펜션에 공기 스프링을 사용하는 차량이 늘고 있다.

출처: 참고 문헌 [11]

대차

사진은 JR 히가시니혼의 통근 전차(E231계) 전동차의 대차이다. 오른쪽 구동 장치에는 모터의 동력을 차축에 전달하기 위한 톱니바퀴가 들어 있다.

3-02 차량의 길이와 단면의 형태

철도에서는 주행 구간에 따라서 차량의 크기를 엄밀하게 제한하고 있습니다. 주행하는 차량이 역의 플랫폼이나 터널 벽 등에 부딪치는 것을 막기 위해서입니다. 때문에 같은 철도 회사라도 노선에 따라서 차량의 크기가 다른 경우가 있습니다.

차량의 길이는 차체의 길이가 아니라 앞뒤의 연결기를 포함한 거리(연결면 사이 거리)로 나타내는 것이 일반적입니다. 일본의 통근 전차에서는 20m가 표준이지만 지하철에서는 18m 이하인 경우도 있습니다. 급커브가 많은 신교통 시스템이나 노면 전차는 이보다 더 짧은 전차가 있는데 신칸센에서는 25m가 표준입니다.

차량의 최대 폭은 일본의 경우 2.8~3.0m가 표준입니다. 신교통 시스템이나 노면 전차에서는 폭이 더 좁은 전차가 있으며 신칸센은 약 3.4m가 표준입니다.

차량 단면의 크기는 차량 한계로 제한하고 있습니다. 차량 한계란 '이 범위보다 바깥쪽으로 나가서는 안 된다라는 한계'를 말하며 같은 JR이라도 신칸센과 재래선은 차량 한계가 다릅니다. 미니 신칸센이라 불리는 야마가타山形·아키타秋田 신칸센의 전차가 도호쿠東北 신칸센만을 달리는 전차보다 폭이 좁은 것은 함께 사용하는 재래선의 차량 한계에 맞추었기 때문입니다. 재래선을 달리는 2층 차량의 2층 천정이 곡면인 이유도 차체의 지붕을 차량 한계에 맞추었기 때문입니다.

한편 터널이나 교량, 역의 플랫폼 등의 구조물의 크기나 위치는 건축 한계로 제한하고 있습니다. 건축 한계란 이 범위 안으로는 들어오면 안 된다라는 한계로 이것도 재래선과 신칸센은 다릅니다.

차량 단면(차량 한계)

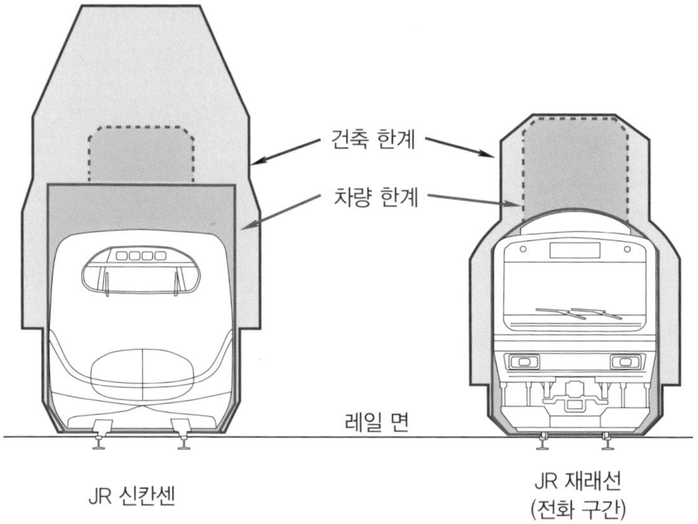

차량의 단면은 차량 한계에서 바깥쪽으로 나가지 않도록 해야 한다. 차량 한계는 달리는 구간의 규격에 따라서 달라진다.

차량의 길이(연결면 사이 거리)

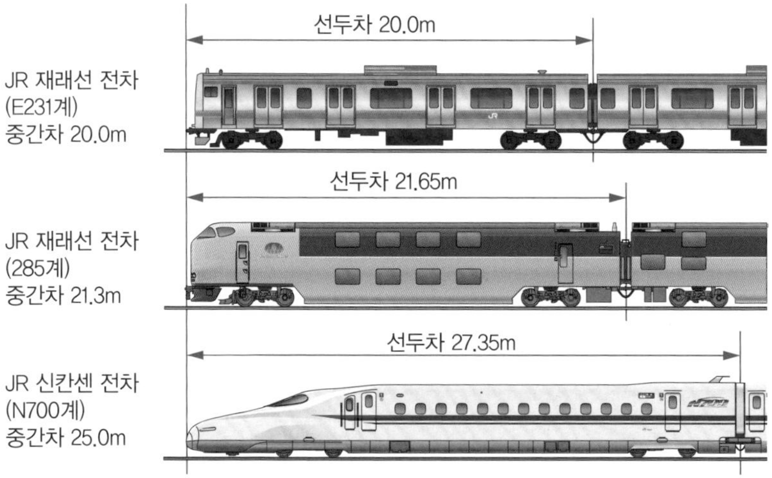

차량의 길이는 달리는 구간의 규격에 따라서 달라진다. JR 전차의 경우, 재래선은 20~21m 정도이며 신칸센은 25m가 표준이다. 그림처럼 선두차가 조금 긴 경우가 있다.

3-03 차체와 차 내부

차체에는 다양한 부품이 있습니다. 예를 들면, 통근 전차의 차내에는 좌석이나 손잡이, 손잡이 봉 등 다양한 설비가 있습니다. 이러한 설비는 승객이 서 있거나 앉아 있을 때 몸을 지지하기 위한 부품입니다. 최근에는 배리어 프리barrier free나 유니버설 디자인universal design을 도입하여 고령자나 몸이 불편한 사람 누구나가 이용하기 쉽도록 하고 있습니다.

차내의 구조에는 지역적인 차이도 있습니다. 예를 들면, 수도권의 통근 전차에는 출입문과 좌석 사이에 칸막이가 있습니다. 이것은 출입문 부근에 선 사람이 판에 기댈 수도 있고, 좌석에 앉은 사람에게 몸이 쏠리지 않도록 막아 주는 역할도 합니다. 하지만 게이한신(교토, 오사카, 고베)권의 통근 열차에는 볼 수 없습니다. 아무래도 수도권은 게이한신권보다 출퇴근과 통학 시간대가 혼잡하기 때문에 그것을 반영하고 있다고 할 수 있습니다.

차체의 지붕이나 바닥 밑에는 차 안을 쾌적하게 유지하는 유닛 쿨러unit cooler 및 전차를 움직이는 데 필요한 기기가 있습니다. 이러한 부품이나 기기를 뺀 차체의 상자 상태의 기본 부분을 구체라고 부르며, 차체가 강철로 만들어졌다는 것은 구체의 재료가 강철인 것을 말합니다. 최근에는 녹이 슬지 않는 스테인리스 강철이나 가벼운 알루미늄 합금으로 만든 구체가 늘고 있습니다.

구체는 처음부터 금속제였던 것이 아니라, 원래는 나무로 만들었습니다. 뼈대(틀)라고 불리는 기초 부분 위에 목재를 짜서 구조물을 만든 것입니다. 그 모양이 돌의 기초 부분에 목조 건축을 만든 것과 비슷해서 구체의 부품에도 목조 건축의 부품과 같은 이름이 붙었다고 합니다. 구체의 측면을 가리키는 '측側', 연결 부분의 면을 가리키는 '박공妻'이라는 말도 목조 건축에서 사용되는 용어 그대로입니다.

차내의 설비(통근 전차의 예)

사진은 요코하마(横浜) 시영 지하철 블루라인의 차내. 출입문과 좌석 사이의 칸막이는 수도권 전차에서 흔히 볼 수 있다.

구체와 목조 건축의 부품명

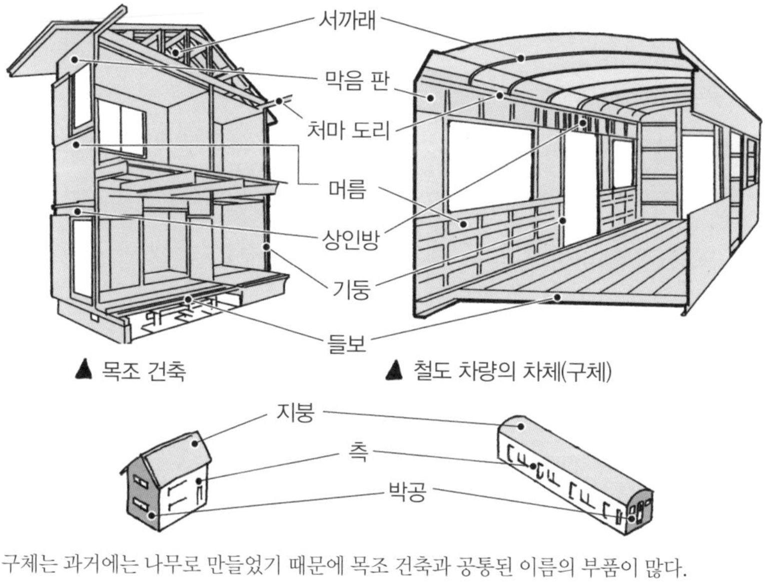

구체는 과거에는 나무로 만들었기 때문에 목조 건축과 공통된 이름의 부품이 많다.

3-04 차량을 연결해주는 연결기

철도는 여러 대의 차량이 연결되어 달리기 때문에 차량끼리 연결하는 연결기가 필요합니다. 연결기에는 다양한 종류가 있는데 일본에서는 자동 연결기와 밀착 연결기가 주류를 이룹니다.

한편, 유럽에서는 오래된 타입의 나사식 연결기를 지금도 사용하는 지역이 있습니다. 나사식 연결기는 과거 일본에서도 사용되었습니다. 하지만 연결 작업이 힘들고 연결 부분에서 작업하는 작업원이 위험할 수 있어서, 일본에서는 1920년대에 전 차량의 나사식 연결기를 모두 자동 연결기로 교환했습니다.

자동 연결기는 연결기끼리 접근하면 자동으로 자물쇠가 걸려서 연결이 완료됩니다. 너클이라고 하는 손 모양 부분끼리 서로 걸어서 떨어지지 않게 한 구조이며, 기관차의 부담을 줄이기 위해 사이에 틈을 남기고 연결합니다. 여러 대의 객차와 화물차를 견인할 때는 연결기의 틈이 앞에서부터 차례대로 채워져서, 기관차의 부담을 분산시켜 주어 열차가 부드럽게 출발할 수 있습니다.

스스로 달리는 전차나 디젤 동차의 열차는 이러한 틈이 없어도 출발이 가능합니다. 그래서 틈이 없는 밀착 연결기나 밀착 자동 연결기가 사용됩니다. 또 서로 분리할 기회가 적은 전차끼리는 분리가 안 되는 봉 연결기가 사용됩니다.

이렇게 기계적으로 연결하는 연결기 이외에도 전기 회로를 연결하는 전기 연결기가 있습니다. 최근에는 밀착 연결기와 전기 연결기가 세트가 된 전차나 디젤 동차가 있습니다. 기계적으로나 전기적으로나 한 번에 연결할 수 있게 되어 작업원이 선로에 내려서 작업할 기회가 줄었습니다.

나사식 연결기

고리를 걸어서 나사로 죄는 타입. 유럽에서는 지금도 사용되고 있다.

자동 연결기

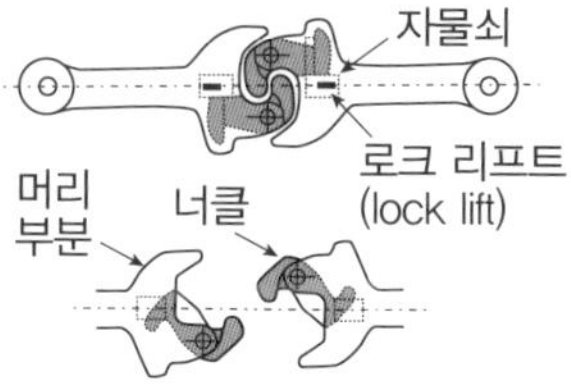

너클이 회전하면 자물쇠가 걸리는 타입. 너클끼리 걸어서 연결한다.

밀착 자동 연결기

자동 연결기의 틈을 없앤 타입. 객차나 디젤 동차에서 사용되고 있다.

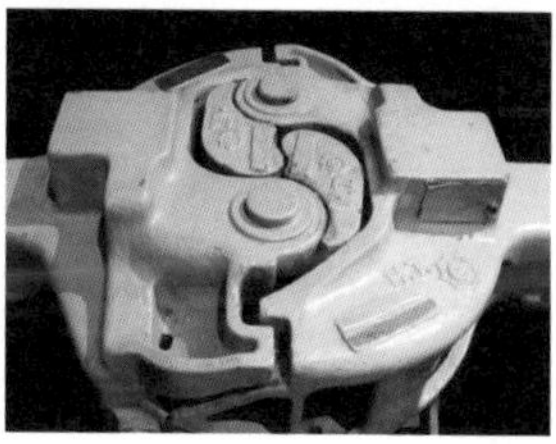

밀착 연결기

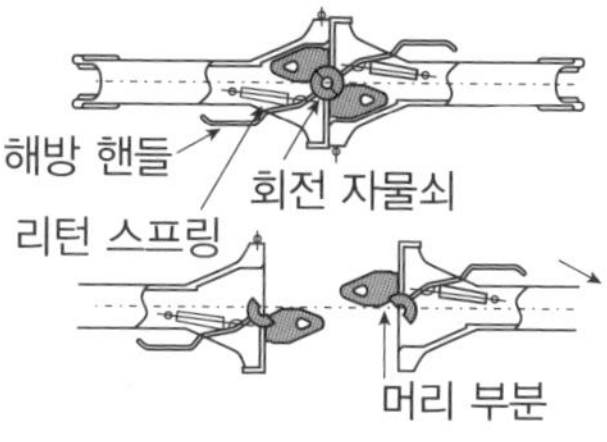

너클이 없고 틈이 없이 연결된 타입. 전차 등에서 사용되고 있다.

3-05 안전을 위한 브레이크 장치

자동차나 배는 충돌 사고를 막기 위해 기본적으로 방향을 바꾸거나 멈춰서 피합니다. 항공기는 날개의 양력으로 기체를 유지하기 때문에 공중에서 멈출 수 없으므로 충돌을 피하려면 방향을 바꿀 수밖에 없습니다. 철도의 경우 방향을 자유롭게 바꿀 수 없지만, 차량을 멈추어 충돌 사고를 피할 수 있습니다. 따라서 브레이크 장치가 매우 중요합니다. 아무리 빠르게 달리는 열차라도 일정한 거리에서 멈추지 않으면 안전하지 못하며, 공공 교통기관으로서의 사명을 완수할 수 없습니다.

차량의 브레이크에는 다양한 종류가 있지만 기본이 되는 것은 공기 브레이크입니다. 공기 브레이크는 압축 공기로 브레이크 실린더를 움직입니다. 그 힘으로 제륜자제동기에서 제동 바퀴를 눌러서 생기는 마찰로 제동을 거는 물체 - 역자를 차바퀴의 답면과 차축에 고정된 브레이크 디스크에 눌러서 마찰을 이용하여 브레이크를 거는 것입니다. 직통 공기 브레이크 등 작동 방법이 다른 종류가 있지만, 현재 일본에서는 운전대에서 브레이크 장치에 전기로 지령을 보내어, 운전사가 브레이크를 조작하여 작동하기까지의 응답 시간을 단축한 '전기 지령식 공기 브레이크'가 보급되고 있습니다.

공기 브레이크 외에 자주 사용되는 것은 전차 및 전기 기관차의 발전 브레이크·회생 브레이크·과전류 브레이크, 디젤 동차 및 디젤 기관차의 엔진 브레이크·컨버터 브레이크·배기 브레이크입니다. 이들은 공기 브레이크와 함께 사용하는데, 공기 브레이크의 사용 빈도를 줄여서 제륜자가 닳는 것을 막아주는 효과가 있습니다. 때문에 현재 자주 사용되고 있으며 거의 회생 브레이크 만으로 멈추는 전차도 있습니다. 이외에도 사람이 직접 제륜자를 누르는 핸드 브레이크 혹은 사이드 브레이크가 있습니다.

공기 브레이크

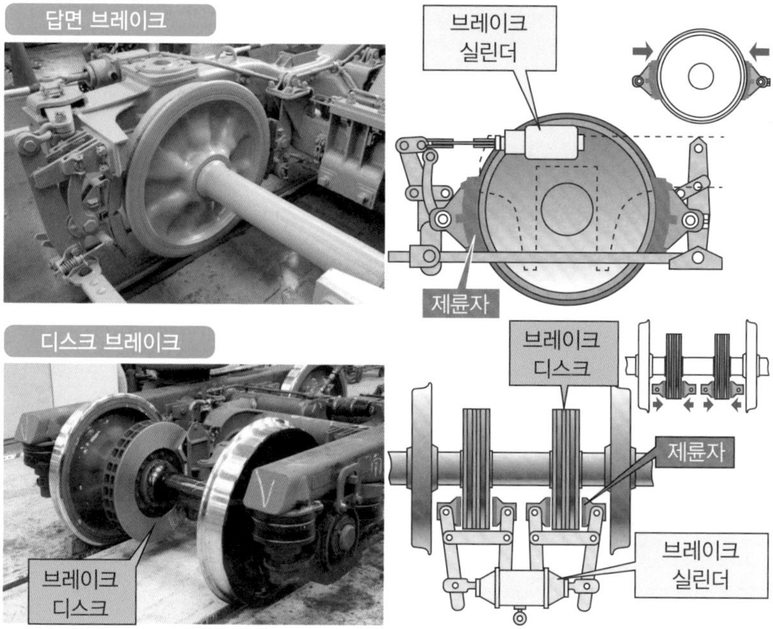

브레이크 실린더의 힘으로 제륜자를 바퀴의 답면 또는 브레이크 디스크에 눌러 마찰을 이용하여 브레이크를 건다. 제륜자는 닳아서 소모되기 때문에 교환해야 한다.

발전 브레이크와 회생 브레이크

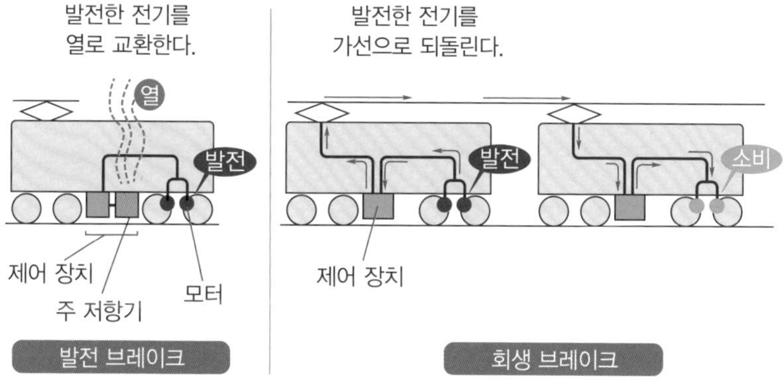

모터를 발전기로서 이용하고, 그 저항을 이용하여 브레이크를 건다.

3-06 차량의 실내를 쾌적하게 유지하는 공기 조절 장치

차량의 실내 온도는 날씨나 차내의 혼잡도에 따라서 달라집니다. 공기 조절 장치는 차량의 실내를 쾌적하게 유지해주는 장치로, 난방·냉방·환기와 같은 기기로 구성되어 있습니다.

차량의 실내 난방은 연중 이용 기간이 길고 요구의 목소리도 높았기 때문에 일찍부터 사용되어 왔습니다. 초기에는 증기난방 방식으로 기관차에서 나오는 증기로 객차의 내부를 따뜻하게 했습니다. 디젤 동차에는 엔진의 배열을 이용한 온수난방이 사용됩니다. 하지만 이런 장치들은 온도 관리가 어려워서 전차에서 오랫동안 사용해 온 전기 히터로 실내를 따뜻하게 하는 전기 난방이 주류를 이룹니다. 전기 히터는 좌석 밑에 설치하는 것이 일반적입니다.

차량의 실내 냉방은 난방보다 필요성이 낮아서 보급이 늦게 이루어졌습니다. 일본에는 특급 열차 등 우등 열차에 먼저 도입되었으며, 1980년대 이후에 통근 전차에까지 도입이 확대되었습니다. 현재는 거의 모든 여객차에 냉난방이 완비되었습니다.

차량의 실내 냉방과 환기는 유닛 쿨러로 이루어지는 것이 일반적입니다. 통근 전차에는 지붕 위에 유닛 쿨러가 있으며, 천정 위의 덕트(송풍관)duct로 냉풍을 보내 실내 전체에 균일하게 찬바람을 내려보냅니다. 한편, 일부 신칸센 전차나 진자식 차량에는 유닛 쿨러를 바닥 밑에 설치하여 덕트를 통해서 냉풍이 차량 위쪽에서 내려오게 하고 있습니다. 냉풍을 위에서 내려보내는 것은 공기의 대류를 이용하여 냉기가 차내 전체에 고루 퍼지게 하기 위해서입니다. 통근 전차는 특급 전차보다 정차역이 많아서 출입문이 자주 열리고 닫히며 혼잡한 시간에 실내 온도가 오르기 쉽기 때문에, 특급 전차보다 냉방 효력을 높이기도 합니다.

히터

차량의 실내 난방 장치. 전기 난방의 히터는 좌석 밑에 있다. 사진(후쿠오카 시영 지하철 나나쿠마(七隈)선과 같이 히터가 오픈형으로 되어 있어서 청소하기 쉽다. 이러한 구조가 늘고 있는 추세이다.

유닛 쿨러

차량의 냉방과 환기 장치. 통근 전차의 경우 사진과 같이 지붕 위에 설치되어 있는데 신칸센 전차나 진자식 차량과 같이 차체 바닥 밑에 두는 경우도 있다.

3-07 전기를 받아들이는 집전장치

전차나 전기 기관차에는 외부에서 전기를 받기 위한 집전장치가 있습니다. 현재 집전장치로 **팬터그래프**pantagraph와 **집전슈**collector shoe가 주로 사용됩니다.

팬터그래프는 차체의 지붕 위에 설치하여 궤도 위에 설치된 전선(가선, 정식 명칭은 가공 전차선)과 접촉해서 전기를 받아들입니다. 미국에서 개발된 집전장치로, **가선의 높이에 상관없이 같은 힘으로 가선을 밀어 올려서 기존의 트롤리 폴**trolley pole **및 뷔겔**Bügel**보다 안정되게 전기를 받아들일 수 있게 고안**되었습니다. 기존에는 '마름모꼴'이 많았는데, 최근에는 프랑스에서 개발된 '싱글암식'이라 불리는 '<' 모양의 팬터그래프가 보급되었습니다. 수도권의 통근 전차나 신칸센 전차에는 이미 싱글암식이 주류를 이룹니다.

집전슈는 **선로에 깔린 급전용 레일과 접촉하여 전기를 받아들입니다.** 일본은 도쿄 메트로 긴자銀座선 등의 지하철에서 3번째 레일로부터 전기를 받아들이는 **제3레일 방식**을 채용하고 있습니다. 신교통 시스템 중에는 삼상 교류三相交流, 전압과 주파수가 같고 위상이 서로 120도씩 다른 세 가지 전류나 전압을 한 조로 한 것 - 역주를 공급하기 위해 가이드웨이에 3개의 전선(전차선)을 설치하여, 전차가 3개의 집전슈에서 전기를 받아들이는 경우도 있습니다. 해외에서는 지하철 이외에도 집전슈가 사용되고 있으며, 유럽의 국제 고속 열차 '유로스타'도 과거에는 영국 국내를 재래선 경유로 달릴 때 집전슈를 사용했습니다. 런던의 지하철에는 레일을 4개 깐 **제4레일 방식**을 채용한 구간이 있으며 전차의 집전슈가 2개의 레일에서 전기를 모으고 있습니다.

팬터그래프

마름모꼴

옆에서 보면 마름모꼴을 하고 있다. 가선과 접촉하는 습판을 바로 위로 올리는 구조이다.

싱글암식

마름모꼴보다 구조가 간단하여 수도권을 중심으로 널리 보급되었다.

집전슈

제3레일 방식

나고야 시영 지하철의 초대 전차(100형)의 집전슈(붉은 부분). 급전용 레일(제3레일)과 접촉하여 전기를 받아들인다. 팬터그래프만큼 공간을 크게 차지하지 않기 때문에 일본에서는 터널 단면적이 작은 지하철에서 사용된다.

제4레일 방식

런던 지하철의 일부 노선에서 채용되고 있으며, 2개의 주행용 레일과는 별도로 급전용 레일이 2개 깔려 있다.

3-08 용도에 따라 배치가 바뀌는 좌석과 출입문

여객 차량의 실내는 폭이 좁고 길이가 긴 모양입니다. 용도에 따라서 좌석이나 출입문, 데크 등의 배치를 바꾸기도 합니다. 여기서는 차량 내 좌석 배치에 관해서 살펴보겠습니다.

국철 시대에는 여객차의 용도를 통근형·근교형·급행형·특급형으로 나누었습니다. 수송 능력이 요구되는 통근형에는 옆으로 긴 좌석, 이른바 롱시트를 배치하여 좌석을 줄이는 대신 차량의 정원을 늘렸습니다. 이러한 구조는 장거리 차량에는 맞지 않았기 때문에, 근교형은 세미크로스 시트semi cross seat, 급행형은 크로스 시트cross seat, 특급형은 전환 크로스 시트 혹은 리클라이닝 시트reclining seat와 같이 **용도와 승차 시간에 맞추어 좌석의 배치와 구조를 바꾸었습니다**. 통근형에는 한쪽 면에 출입문을 3~4개(최대 6개)를 두어서 타고 내리기 쉽게 했습니다. 하지만 정차 횟수가 적은 급행형이나 특급형에는 한쪽 면의 출입문을 1~2개로 줄였습니다. 또 급행형이나 특급형에는 데크를 설치하여 차량 바깥의 소음과 열기, 냉기가 객실로 직접 들어오는 것을 막아서 객실을 쾌적하게 했습니다.

현재의 JR은 국철 시대와 비교했을 때 용도의 분류가 조금 다릅니다. 급행열차의 감소로 인해 급행형이 줄었기 때문에 통근형과 근교형을 합쳐서 일반형이라고 부르기도 합니다. JR 도카이東海의 재래선에는 데크가 없는 특급 전차도 있습니다.

홋카이도에는 객실의 보온성을 높이기 위해 근교형 전차에도 데크가 있었지만, 지금은 공기의 흐름으로 냉기가 들어오는 것을 막는 에어 커튼을 출입문에 설치하여 데크를 없앤 전차도 있습니다.

신칸센 전차에는 객실 등급에 따라서 다양한 좌석 배치를 볼 수 있습니다.

좌석과 출입문의 배치

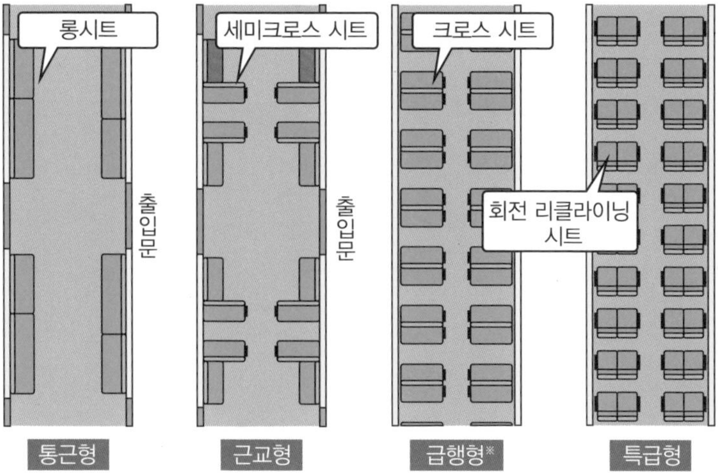

신칸센 전차는 재래선 전차보다 차체 폭이 넓기 때문에 일반석은 2+3열, 특실(그린차)은 2+2열이 좌석 배치의 표준이지만 좌석 배치가 다른 차량도 있다.

※ 현재는 거의 남아 있지 않다.

신칸센의 좌석 배치

2+3열(N700계 일반석)

1+2열(E5계 그랜 클래스)

3+3열(E1계 2층 일반석)

객실의 폭은 거의 같지만 용도에 따라서 좌석 배치가 다르다. E5계의 그랜 클래스(Gran Class)는 특실(그린석)보다 상위 클래스로 좌석 폭과 앞뒤 간격에 여유가 있다.

3-09 침대를 설치한 침대차

여객차는 차내에 좌석을 둔 좌석차가 대부분이지만 그중에는 침대차, 식당차, 전망차 등 차내 구조가 특수한 차량이 있습니다. 침대차는 차내에 침대를 설치한 차량인데, 현재 일본에서는 보기 드뭅니다.

항공기 혹은 신칸센 등의 고속 철도, 야간 버스 등이 지금처럼 발달하지 않았던 시절, 밤새 달리는 야간열차는 장거리 이동에 빠질 수 없는 교통수단이었습니다. 야간열차에는 원래 좌석차가 사용되었지만 이후 침대차도 사용되었습니다. 침대차는 1830년대에 미국에서 처음 등장했고, 유럽에까지 확대되었습니다. 일본에서는 1900년부터 사용되기 시작했고, 1958년에는 모든 차량이 침대차로 구성된 침대 특급 '아사카제'가 등장했습니다. 이러한 침대 특급은 이후 '블루 트레인'이라는 애칭으로 불리며 1970년대에 전성기를 맞았습니다.

일본의 침대차는 처음에는 커튼으로 칸막이를 대신했습니다. 이후 서비스 향상을 위해 위·아래에 3단으로 구성된 침대를 2단으로 하거나, 사생활을 배려하여 침대를 개인실로 개선하기도 했습니다. 하지만 침대 열차를 이용하는 승객들이 감소하면서 많은 침대 열차가 운행을 중단했습니다. 1988년에 등장한 침대 특급 '호쿠토세'처럼 침대차의 차내 설비를 충실히 갖추고 여행의 즐거움을 연출하려고 노력한 열차는 남았지만2015년 8월 정기 운행 종료 - 역주, 일본에서의 침대차의 활약은 전성기에 비해 큰 폭으로 줄었습니다. 남은 침대차 중 일부는 태국의 국철에서 운행을 계속하는 것도 있습니다.

한편 새로운 침대 열차의 계획으로 규슈 지역을 달리는 호화 침대 열차 '나나츠보시 in 규슈'가 2013년 10월에 운행을 시작하여 현재도 운행 중입니다.

차량 수가 줄어든 '블루 트레인'

우에노(上野)~아오모리(青森) 구간을 달리는 침대 특급 '아케보노'. 차체가 파란 객차(침대차)를 연결한 침대 특급은 '블루 트레인'으로 불렸지만 지금은 거의 남아 있지 않다(2014년 3월 정기 운행 종료-역주).

개인실 침대

침대 특급 '선라이즈 이즈모(出雲)·세토(瀬戸)'의 차 내부. 통로의 좌우 양측에 '싱글' 개인실이 있다. 현재 남아 있는 침대 특급에는 이용자의 요구에 맞추어 개인실 침대를 도입하고 있다.

3-10 식당차와 전망실

침대차와 마찬가지로 식당차 및 전망차도 시대에 따라 변화해왔습니다. 과거 일본의 많은 장거리 열차에는 식당차가 있었습니다. 장시간 승차하는 열차에는 식사를 제공하는 식당이 꼭 필요하다고 생각해서입니다. 하지만 현재는 일부 침대차 열차를 제외하고 식당차를 찾아보기는 어렵습니다.

원인은 여러 가지입니다. 신칸센의 보급으로 승차 시간이 짧아진 점, 역에서 파는 도시락이나 차내 판매로 인해서 식당차를 이용하는 승객이 줄어든 점, 그리고 1972년에 발생한 호쿠리쿠北陸 터널 사고에서 식당차의 주방이 화재 원인으로 문제가 되었기 때문입니다. 해외에서도 고속열차의 보급에 따라 승차 시간이 줄면서 식당차의 이용객이 줄었기 때문에, 기존의 식당 대신 가벼운 식사를 제공하는 뷔페식 식당을 두는 곳도 있습니다. 세계 어디서나 식당차는 감소 추세에 있습니다.

하지만 여행의 즐거움 중 하나가 바로 '먹는 것'이므로 최근 열차 여행의 기획으로 식당을 설치하는 경우도 있습니다. 앞에서 말한 '호쿠토세'와 '나나츠보시 in 규슈' 등의 호화 침대 열차에도 식당차가 있으며, 히사츠肥薩오렌지 철도에는 차내에서 식사를 즐길 수 있는 관광 열차 '오렌지 식당'이 있습니다.

전망을 즐길 수 있는 전망차는 19세기 말에 미국에서 등장했으며, 이후 유럽에도 보급되었습니다. 일본에는 20세기 초반에 등장했는데, 처음에는 요금이 매우 비싼 1등석 열차여서 일반 서민들은 이용하기가 어려웠습니다. 현재는 전면의 전망을 즐길 수 있는 특급 열차나 이벤트 열차도 있으며 후방 전망을 즐길 수 있는 스위트룸을 갖춘 침대 열차도 있습니다.

식당차

도카이도·산요 신칸센의 전차(100계) 식당. 2층 차량의 2층에 식당을 두었다. 전망이 좋아서 인기를 얻기도 했으나 이용자가 줄면서 2000년에 영업을 종료했다. 사진은 나고야의 리니어 철도관.

전망실

침대 특급 '카시오페이아'의 전망실. 전망을 좋게 하기 위해 바닥면을 높였다. 승객 누구나가 이용할 수 있는 라운지 공간이다.

3-11 세계의 철도에서 볼 수 있는 다양한 차량 설비

해외의 차량에는 일본의 차량에는 없는 차내·차외 설비를 찾아 볼 수 있습니다. 철도 차량은 주행 구간이 한정되어 있어서 항공기와 자동차, 선박보다 지역의 문화와 습관, 수송 수요 등이 깊이 반영되어 있습니다. 따라서 국가와 지역에 따라 차량 설비가 다른 경우가 많습니다.

예를 들면, 중국의 장거리 열차의 상당수는 차내에 뜨거운 물이 나오는 급탕기가 설치되어 있습니다. 중국은 예부터 차를 마시는 습관이 있기 때문에 가져온 찻잎으로 차를 마실 수 있도록 차내에 뜨거운 물을 제공하는 것으로, 뜨거운 물을 이용하여 컵라면을 먹는 사람도 많다고 합니다.

중국의 시닝西寧과 티베트 자치구의 라싸를 잇는 칭짱青藏 철도의 열차는 표고 5,000m 이상의 산소 농도가 낮은 지역을 달리기 때문에, 차내에 고산증을 방지하기 위한 산소 흡입 설비가 있습니다.

미국의 뉴욕 지하철에는 차내에 플라스틱(FRP)제 좌석이 있으며, 손잡이 대신 손잡이 봉이 많이 설치되어 있습니다. 1970년대 뉴욕 지하철에는 스프레이 낙서가 심했고 손잡이 등을 파손하는 일도 많았다고 합니다. 때문에 낙서가 잘 지워지는 좌석을 설치하거나 손잡이를 없앴습니다. 또 국기를 더럽히는 것을 꺼려하는 심리를 이용하여 차량에 미국 국기를 붙여서 낙서를 예방하고 있습니다.

영국의 런던 지하철에는 잡는 부분이 동그랗게 생긴 손잡이나 손잡이 봉이 사용되고 있습니다.

이러한 예들은 극히 일부의 예입니다. 그 외에도 해당 국가나 지역을 방문해야만 볼 수 있는 차내·차외 설비가 많이 있습니다.

해외의 차량에서 볼 수 있는 것

급탕기(중국 칭짱 철도)

손잡이가 없는 전차(런던)

국기를 붙인 전차(뉴욕 지하철)

(왼쪽 위) 차를 마시는 습관이 있어서 차내에 급탕기가 있다. (오른쪽 위) 손잡이 대신 민트색 손잡이 봉을 두었다. (오른쪽 아래) 낙서 방지를 위해 차량에 국기 스티커가 부착되어 있다.

플라스틱제 좌석

뉴욕 지하철에는 낙서를 지우기 쉽게 플라스틱제 좌석이 사용되고 있다.

3-12 커브에서 차체가 기우는 차량

여객차 중에는 커브를 돌 때 차체가 기우는 차량이 있습니다. 차체가 기우는 이유는 운동장 트랙을 달릴 때를 떠올리면 쉽게 이해할 수 있습니다. 우리는 커브를 돌 때 무의식적으로 몸을 커브 안쪽으로 기울여서 달립니다. 중력에 의해 원심력과 반대 방향의 힘이 작용하여 원심력의 영향이 작아지므로 달리기 쉬워지기 때문입니다. 이와 마찬가지로 차체가 커브 안쪽으로 기울면 원심력을 없애는 힘이 작용하여 승객이 불쾌하게 느끼는 옆 방향으로 걸리는 힘이 작아지기 때문에 안정된 승차감을 유지한 채 커브를 보다 빠르게 통과할 수 있고 소요 시간도 단축할 수 있습니다.

진자식 차량은 차체를 기울이는 차량의 대표적인 예로, 차체를 유압 실린더 등으로 강제적으로 기울이는 강제 진자식과 차체에 작용하는 원심력으로 차체를 기울이는 자연 진자식이 있습니다. 강제 진자식은 자연 진자식보다 경사각을 크게 할 수 있지만 차체 경사 제어가 복잡합니다. 유럽 대부분의 진자식 차량은 강제 진자식을 채용하는 반면, 일본의 진자식 차량은 보다 신뢰성이 높은 자연 진자식을 채용합니다. 일본에서는 진자식 전차나 디젤 동차가 JR 재래선을 달리는 특급 열차로 사용되고 있습니다.

진자식 차량은 중심을 낮추거나 차체나 대차의 구조를 특수하게 만들어야 해서 일반 차량보다 제조 비용이 더 듭니다. 그래서 개발된 것이 공기 스프링 차량입니다. 공기 스프링 차량은 차체 아래에 있는 좌우 공기 스프링의 높이를 바꾸어 차체를 기울이는 차량입니다. 진자식 차량과 비교했을 때 차체 경사각은 작지만 제조 비용을 줄일 수 있습니다. 일본에서는 JR 홋카이도 디젤 동차 및 오다큐小田急, 메이테쓰名鉄의 전차, N700계 등의 신칸센 전차에도 사용됩니다.

진자식(자연 진자식)

JR 시코쿠(四国)의 진자식 디젤 동차(2000계)로 운전하는 특급 '미나미카제'이다. 커브가 이어지는 도산(土讃)선의 산악 구간을 달린다.

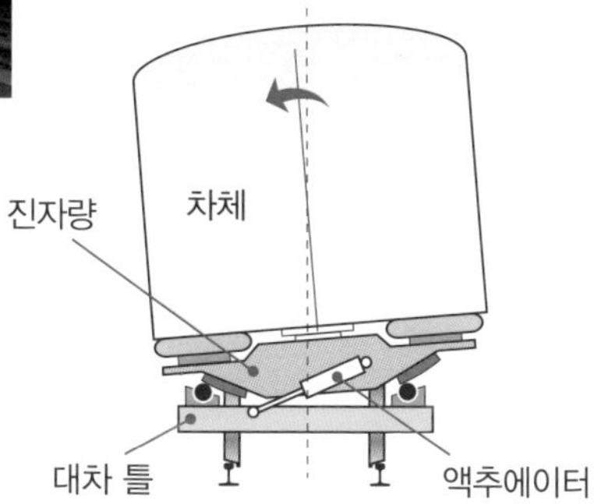

커브를 통과할 때 차체에 작용하는 원심력을 이용하여 차체를 기울인다. 차체와 대차를 특수한 구조로 만들어야 한다.

공기 스프링

JR 홋카이도의 디젤 동차(키하 201계)로 운전하는 특급 '슈퍼 소야(宗谷)'. 시오카리(塩狩) 고개 등 커브가 이어지는 구간을 달린다.

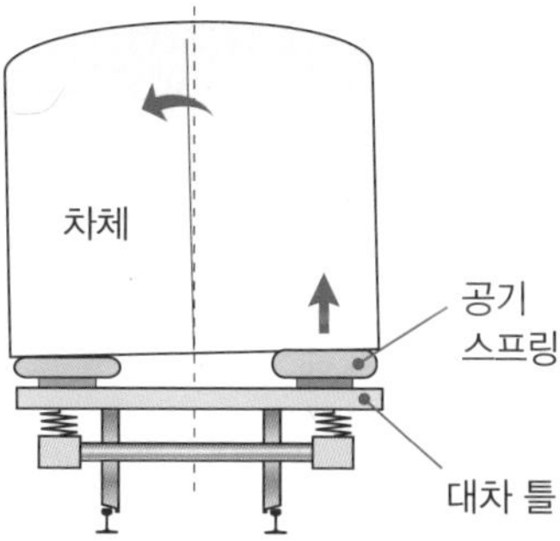

좌우 공기 스프링의 높이에 차이를 주어 차체를 기울인다. 진자식보다 차체 경사각은 작지만 제조 비용을 줄일 수 있다.

3-13 2층 차량 · 저상 노면 전차 · DMV

여객차 중에는 차체나 차량의 구조 자체가 특수한 것이 있습니다. 여기서는 일본에서 볼 수 있는 2층 차량과 저상 노면 전차, DMV를 소개하겠습니다.

구조가 특수한 대표적인 예로 2층 차량이 있습니다. 2층 차량의 객차는 제2차 세계대전 이전부터 프랑스 등지에서 운행하고 있었는데, 세계 최초의 2층 전차는 1958년에 등장한 긴테츠近鉄의 특급 전차(10000계, 초대 '비스타카vista car')입니다. 현재 일본에는 긴테츠뿐만 아니라 수도권의 근교 열차나 침대 특급 '선라이즈 이즈모出雲 · 세토瀨戸', 신칸센에도 2층 전차가 사용되고 있습니다. 또한 침대 특급 '카시오페이아'는 2층 객실로 이루어져 있습니다.

노면 전차에서 증가하고 있는 저상 노면 전차(저상 LVR)도 구조가 특수한 전차입니다. 차체가 대차 위에 실려 있기 때문에 일반적으로 차체의 바닥면이 선로보다 약 1m 높지만, 저상 노면 전차는 레일 면에서 약 30cm 높이까지 바닥면을 내려서 전차 정류장의 플랫폼과의 단차를 줄였습니다. 고령자와 휠체어를 이용하는 승객 등이 타고 내리기가 쉽도록 대차 부분만 바닥면을 높이거나 좌석 밑에 바퀴를 수납하여 바닥이 낮은 부분의 면적을 늘렸습니다.

JR 홋카이도가 개발한 듀얼 모드 비히클(DMV)dual mode vehicle은 선로와 도로 양쪽을 주행할 수 있는 차량으로, 철 바퀴와 고무 타이어 바퀴의 모드를 쉽고 빠르게 바꿀 수 있도록 고안한 것입니다. 버스와 열차의 환승 문제를 해소하거나 새로운 수요를 탐색할 수 있다고 기대를 모으고 있지만, 구조상의 문제로 차체를 대형화하지 못하고 있습니다. 차량 1칸당 정원이 적은 문제점도 풀어야 할 과제이며 개량이 진행되고 있습니다.

2층 차량

통근 전차나 신칸센 전차에서 볼 수 있다. 사진은 JR 히가시니혼의 통근 전차(E231계)의 2층 특실차(그린차). 이용객이 많은 특실 정원을 늘리기 위해 도입되었다.

저상 노면 전차(저상 LRV)

타고 내리기 쉽도록 차체의 바닥을 낮추어 플랫폼과의 단차를 줄인 노면 전차. 사진은 2009년에 영업 운전을 개시한 구마모토(熊本) 시덴(市電), 0800형이다.

듀얼 모드 비히클(DMV)

JR 홋카이도가 개발한 차량으로 선로와 도로의 양쪽 주행이 가능하다. 고무 타이어 바퀴와는 별도로 철 바퀴가 있어서 도로를 주행할 때는 철 바퀴가 올라가는 구조로 되어 있다.

COLUMN

발전 설비인 전원차

침대 열차 중에는 전원차(화물차로 취급)라 불리는 차량을 연결한 열차가 있습니다. 전원차는 침대차(객차)에 전기를 공급하는 차량으로, 차내에 있는 디젤 발전기로 침대차의 조명이나 공조 시스템 등에 사용하는 전기를 발전합니다. '호쿠토세(北斗星)'나 '트라이 라이트 익스프레스'의 전원차에는 업무용 화물실도 있어서 일반 승객은 승차할 수 없지만, '카시오페이아'의 전원차에는 전망실이 있고 침대차와 통로로 이어져 있어서 승차할 수 있습니다.

예전에는 전원차가 없어서 2개의 열차가 연결되어 달리는 객차의 침대 열차도 있었습니다. 일부 객차의 바닥 밑에 소형 디젤 발전기를 분산 배치하여 편성을 분할해도 전기가 공급되도록 한 것입니다.

현재 일본에는 2개의 열차가 연결되어 달리는 객차의 침대 열차는 볼 수 없지만, 소형 디젤 발전기를 탑재한 객차는 아오모리(青森)~삿포로(札幌) 구간을 달리는 급행 '하마나스'나 일부 임시 열차에서 사용되고 있습니다(하마나스 2016년 3월 정기 운행 종료－역주).

'호쿠토세'의 전원차(위)는 승차할 수 없지만, '카시오페이아'의 전원차(아래)의 일부는 전망실로 사용하고 있다. 침대차와 통로로 이어져 있기 때문에 승차가 가능하다.

4장

고속으로 주행하는 고속 철도

4장에서는 초고속 여객 수송을 담당하는

일본의 신칸센과 해외의 고속 철도,

그리고 리니어 모터 카에 대해서 살펴보겠습니다.

4-01 새로운 가능성을 이끌어낸 신칸센

일본의 신칸센은 세계 고속 철도의 선두 주자입니다. 지금으로부터 반세기 전 1964년에 도카이도 신칸센은 세계 최초로 시속 200km를 넘는 속도로 영업 운전을 시작했습니다. 그 후 신칸센의 선로망은 확대되었고 현재 북쪽은 신아오모리新青森 역신아오모리(新青森) 역~신하코다테호쿠토(新函館北斗) 역 구간이 2016년에 연장 개업 - 역주에서 남쪽은 가고시마鹿児島 중앙 역까지 신칸센만으로 이동이 가능해졌습니다. 신칸센이 운전을 시작했을 때 최고 속도는 시속 210km였지만 현재는 시속 320km로 달리는 열차가 있습니다.

그렇다면 신칸센이란 무엇일까요? 신칸센은 재래선에서 독립한 선로(표준궤의 고속 전용선)를 전차 열차가 고속으로 주행하는 철도 시스템을 말합니다. 법률상으로는 '주요 구간을 열차가 시속 200km 이상의 높은 속도로 주행 가능한 간선 철도'라고 정의합니다.

신칸센의 탄생은 항공기가 독무대였던 장거리 고속 수송에 철도가 참여하는 계기가 되었을 뿐만 아니라 세계 여러 나라에 고속 철도가 보급되는 계기가 되었습니다. 현재 유럽뿐만 아니라 일본과 가까운 한국과 중국에도 고속 철도가 달리고 있으며, 시속 200km 이상으로 달리는 열차도 쉽게 볼 수 있습니다. 그래도 해외에서는 일본의 신칸센 자체를 신기하게 생각하는 것 같습니다.

예를 들어, 도쿄 역에서는 도카이도 신칸센 열차가 짧게는 3분 간격으로 발차하며, 도착한 열차는 차량 정비를 마치고 짧게는 12분 만에 진행 방향을 반대로 바꾸어 출발합니다. 열차 도착이 지연되는 평균 시간은 겨우 0.6분(36초)입니다. 이렇게 많은 열차가 정확한 시간에 안전하게 달리는 고속 철도는 일본의 신칸센 말고는 없습니다.

신칸센의 네트워크(2013년 7월 기준)

신칸센 네트워크는 1964년 도카이도 신칸센에서 시작되어 계속 확대되어 왔다. 현재는 신아오모리 역에서 가고시마 중앙 역까지 약 2,200km를 신칸센만으로 이동이 가능해졌다(신하코다테호쿠토 구간이 2016년에 개업하였다. 신하코다테호쿠토 역~가고시마 중앙 역 2,326.3km-역주).

도쿄 역 도카이도 신칸센 승차장

종착역에 도착한 열차는 차량 정비를 마치고, 짧게는 12분 만에 진행 방향을 반대로 바꾸어 발차한다. 기술이 발달한 오늘날에도 열차가 정해진 시간에 정확하게 달리는 것은 수많은 스태프들의 노력 덕분이다.

4-02 세계의 고속 열차

시속 200km 이상으로 달리는 고속 차량은 제2차 세계대전 이전부터 독일과 프랑스에서 개발되었습니다. 하지만 영업 운전을 위해서는 극복해야 할 과제가 너무 많았기 때문에 실현되지는 못했습니다.

그러다가 전쟁 이후, 일본에서 신칸센이 탄생했습니다. 당시 고속 열차는 기관차가 견인하는 객차 열차가 유리하다고 생각했지만, 일본은 전차의 열차로 시속 200km를 넘는 영업 운전을 실현했습니다. 이는 유럽의 철도에 큰 영향을 끼쳤습니다. 프랑스의 TGV나 독일의 ICE와 같은 고속 철도(하이 스피드 레일)High Speed Rail가 탄생했으며, 세계로 뻗어 나가는 계기가 되었습니다. 프랑스와 독일은 당시 기관차가 견인하는 객차 열차(푸시풀 방식)를 고속으로 주행하였지만, 이후 독일은 전차(ICE 3)도 고속으로 주행할 수 있게 했습니다. 프랑스 역시 고속 열차용의 전차(AGV)를 개발했습니다.

해외의 고속 철도는 신칸센처럼 전 구간이 고속 전용선이 아닙니다. 원래 재래선의 선형이 좋아서(경사나 커브가 완만함), 일부러 고속 전용선을 만들지 않아도 시속 200km 이상을 달릴 수 있는 구간이 있어서입니다. 예를 들어 영국이나 미국에는 시속 200km 이상으로 달리는 재래선 열차가 있습니다. TGV와 ICE는 교외에서 고속 전용선을 달리기도 하지만 도심부에서는 재래선을 달리며 중심지에 있는 역까지 들어갑니다.

이러한 이유 때문에 고속 철도를 신칸센처럼 명확하게 정의하는 것은 어렵습니다. 시속 250km 이상으로 달리는 열차로 한정하면 재래선을 고속 주행하는 열차의 대부분은 제외됩니다. 그래서 국제적으로는 최고 속도가 시속 250km 이상의 철도를 고속 철도로 보는 것이 일반적입니다.

세계의 주요 고속 열차(시속 200km 이상)

시속 200km 이상으로 달리는 열차는 세계 여러 나라에서 볼 수 있다. 전 구간에서 재래선을 달리는 열차도 있는데, 최고 속도가 시속 250km 이상인 경우는 고속 전용선을 달리는 열차로 한정된다. 그럴 경우 아셀라 익스프레스(Acela Express)나 X2000, 레일젯(RailJet), 재블린(Javelin)은 제외된다.

프랑스의 TGV(1981년~)

유럽 고속 열차의 선두 주자. 재래선 및 국외의 철도에도 들어간다. 최고 속도는 시속 320km.

독일의 ICE(1991년~)

전기 기관차 + 객차뿐만 아니라 전차 및 디젤 동차도 있다. 프랑스 등 국외에도 들어간다.

대만의 THSR(2007년~)

일본이 신칸센 기술을 최초로 수출한 예. 전차(700T)는 일본의 700계를 토대로 한 것.

중국의 CRH(2007년~)

여러 나라에서 기술을 도입하여 노선망을 급속히 확대하고 있다. 사진처럼 일본의 E2계를 토대로 한 전차도 달린다.

4-03 신칸센의 선두부가 유선형인 이유

신칸센 전차의 '얼굴'인 선두부는 앞뒤로 길고 매끄러운 유선형입니다. 이것은 속도의 제곱에 비례하여 커지는 공기 저항을 줄이기 위해서뿐만 아니라, 터널에서 발생하는 소음을 줄이려는 목적도 있습니다.

고속으로 달리는 열차가 터널에 돌입하면 공기가 터널 내부로 급격하게 밀려 들어오면서 압축파가 생기고, 열차보다 먼저 터널 출구 쪽으로 전해집니다. 압축파가 출구에 도달하면 터널 벽이 없어져서 갑자기 압력이 내려가고 충격파가 생깁니다. 이때 대포를 쏜 것처럼 '펑' 하는 굉음이 발생하는데, 이러한 현상을 '터널 미기압파micro pressure wave' 혹은 '터널 소닉 붐tunnel sonic boom'이라 부르며, 터널이 긴 곳에서 생기기 쉽고 열차 속도가 빠르면 빠를수록 소리가 커지는 경향이 있습니다.

이 소리는 선로 인근에서 심각한 소음이 되기 때문에 이를 해결하기 위해 고안해 낸 방법 중 하나가 신칸센 전차의 선두 형상을 바꾸는 것이었습니다. 그 결과 1992년 영업 운전을 개시한 300계부터 '얼굴'이 갑자기 변했습니다. 최근에 신칸센 전차의 '얼굴'이 앞뒤로 긴 것은 선두부의 단면적을 조금씩 변화시켜 터널 내부에 공기를 갑자기 밀고 들어오지 못하게 하기 위해서입니다. 하지만 '얼굴'이 너무 길면 선두부의 차내 공간이 좁아져서 500계처럼 데크를 없애지 않으면 안 되기 때문에, N700계 등에서는 3차원적으로 복잡한 모양을 해서 긴 '얼굴'과 같은 효과를 내게 했습니다.

프랑스의 TGV와 독일의 ICE 차량은 모두 선두부가 유선형으로 되어 있는데, 일본의 신칸센 전차만큼 복잡한 모양은 아닙니다. 유럽의 고속철도에는 터널의 미기압파가 생기기 쉬운 긴 터널이 적은 것과 관련이 있습니다.

산요(山陽) 신칸센을 달리는 0계

산요(山陽) 신칸센은 긴 터널의 출입구에서 '펑' 하는 소리가 관측되어 소음이 문제가 되었다. 소리를 줄이고 열차의 최고 속도를 높이기 위해 선두차의 '얼굴'을 바꿀 필요가 있었다.

터널 미기압파

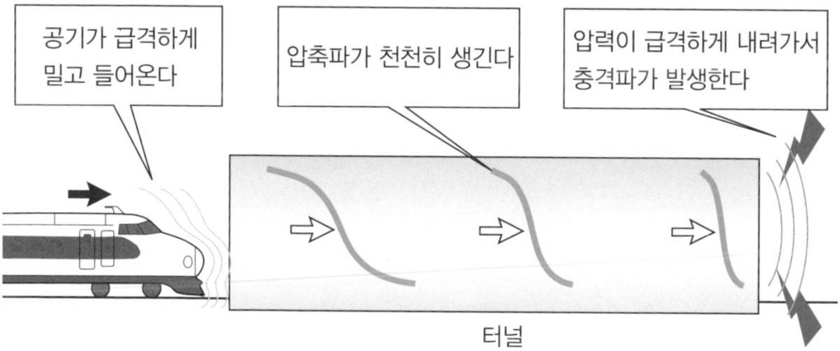

열차가 고속으로 터널에 들어갈 때 내부로 공기가 급격하게 밀려 들어와서 압축파가 발생한다. 압축파가 열차보다 먼저 출구에 도달하여 압력이 급하게 내려가서 '펑' 하는 소리가 난다.

얼굴을 크게 바꾼 300계

터널 미기압파의 발생을 줄이기 위해 신칸센 전차의 선두부는 선단 부분에서 뒤쪽으로 갈수록 단면적이 완만하다. 이렇게 해서 터널에 공기를 급격하게 밀고 들어오지 않도록 했다.

4-04 조용히 달리기 위한 신칸센의 기술

2013년 3월부터 도호쿠 신칸센이 시속 320km로 영업 운전을 시작했습니다. 1997년 3월에 산요 신칸센이 시속 300km로 영업 운전을 시작한 이래, 16년 만에 신칸센의 영업 최고 속도가 높아지게 된 것입니다.

속도를 높이는데 왜 이렇게 오랜 시간이 걸렸을까요? 그 이유는 주행 중에 발생하는 소음을 줄이면서 속도를 높이는 것이 어려웠기 때문입니다.

신칸센에는 소음에 관한 엄격한 기준이 있습니다. 도카이도 신칸센이 개업을 시작한 당시, 신칸센이 다니는 인근 지역에 소음이 심해 소송 문제로까지 발전했었습니다. 주행 시 발생하는 주된 소음에는 팬터그래프에서 나는 소음, 차량에서 나는 소음, 고가 다리 등 구조물에서 나는 소음이 있습니다. 이러한 여러 가지 소음을 줄이기 위해 팬터그래프의 구조를 개량하거나 선로에 방음벽을 설치하고, 차량을 경량화하여 구조물에 주는 충격을 줄이려고 노력하지만, 속도를 높였을 때 어쩔 수 없이 발생하는 큰 소음도 있습니다. 그중 하나가 바람을 가르는 소음입니다.

강풍이 불면 건물 밖의 전선이 '휘-' 하고 바람을 가르는 소리가 납니다. 이 소리는 풍속의 6~8제곱에 비례하여 커집니다. 재래선에서는 그다지 문제가 되지 않지만 고속 주행하는 신칸센에서는 속도를 조금만 높여도 소리가 커지므로 문제가 됩니다. 때문에 차량의 凸凹를 줄이는 등의 노력을 통해 바람을 가르는 소리가 발생하기 어렵게 하고 있습니다.

시속 320km로 주행이 가능한 E5계 및 E6계는 차량 앞뒤로 길쭉한 선두 모양과 개량한 팬터그래프를 채용하여, 차체의 凸凹를 줄이거나 대차를 덮개로 씌워서 소음이 발생하기 어려운 구조로 되어 있습니다.

소음이 발생하기 어려운 팬터그래프

E2계(앞쪽)의 팬터그래프. 가선과 습판이 스치는 소리 및 바람을 가르는 소리가 발생하기 어렵게 고안되었다.

500계 신칸센 전차

산요 신칸센에서 시속 300km 운전을 실현한 차량. 선두부가 길쭉한 모양이며, 차량 표면을 매끄럽게 하여 소음을 줄인 결과 엄격한 환경 기준을 통과했다.

4-05 재래선을 달리는 이색 열차 '미니 신칸센'

신칸센이라고 불리는 열차들 중에는 야마가타山形 신칸센이나 아키타秋田 신칸센처럼 재래선을 달리는 '미니 신칸센'이 있습니다. 미니 신칸센은 법률상 신칸센의 정의에서 제외되지만, 도호쿠 신칸센도 주행하여 도쿄 역으로 들어오기 때문에 역에서 안내 방송을 할 때 편의상 '신칸센'과 같은 부류로 취급합니다. 한편, 미니 신칸센이 아닌 정식 신칸센은 '풀full 규격 신칸센'이라고도 부릅니다.

미니 신칸센은 열차의 환승 문제를 해소하기 위해 신칸센과 재래선의 직통 운전을 할 수 있게 한 것입니다. 사용하는 전차는 재래선에서 달릴 수 있도록 차량 한계를 맞추었기 때문에 신칸센 전차보다 차량 단면이 작지만 대차는 신칸센 궤간에 대응합니다.

궤간이란 선로의 좌우 레일의 간격을 말하며 신칸센은 표준궤(1,435mm), 재래선은 협궤(1,067mm)로 이루어져 있습니다. 미니 신칸센의 열차가 재래선을 달리는 구간의 궤간은 같은 대차로 달릴 수 있도록 신칸센과 같은 표준궤입니다. 때문에 재래선의 궤간을 바꾸는(개궤) 공사가 필요하지만, 기존 역이나 터널, 교량 등의 설비를 그대로 이용할 수 있기 때문에 풀 규격 신칸센을 새로 만드는 것보다 비용이 10분의 1(야마가타 신칸센의 경우)로 줄어드는 이점이 있습니다.

미니 신칸센의 열차는 기본적으로 도호쿠 신칸센에서 별도의 열차와 연결하여 주행합니다. 이것은 도쿄 역으로 들어가는 열차 대수를 줄이기 위해서입니다. 또 조에쓰上越·나가노長野 (호쿠리쿠北陸) 신칸센의 열차와 노선이 겹치는 도쿄~오미야 간의 혼잡을 줄이려는 목적이 있습니다. 도호쿠 신칸센과의 분기점이 되는 후쿠시마福島 역 및 모리오카盛岡 역에서는 열차를 분리하고 연결하는 작업이 이루어지고 있습니다.

건널목을 통과하는 야마가타 신칸센 '츠바사'

협궤였던 재래선 오우(奧羽) 본선을 표준궤로 바꾼 구간이어서 신칸센에는 없는 건널목도 통과한다.

진입로

사진은 후쿠시마 역 부근. 뒤쪽으로 보이는 고가 다리는 도호쿠 신칸센이며, 앞쪽의 선로는 '오우 본선(재래선)'으로, 단선 선로로 이어져 있다.

열차의 연결(후쿠시마 역)

먼저 도착한 도호쿠 신칸센 상행 '야마비코'(앞쪽)에 야마가타 신칸센 상행 '츠바사'가 접근하여 연결한다.

4-06 개궤 공사 없이도 재래선을 달리는 차량

'미니 신칸센'은 '풀 규격 신칸센'보다 적은 투자로 환승 문제를 해소하고 소요 시간을 단축할 수 있습니다. 하지만 열차가 들어가는 재래선 구간의 개궤(궤간을 바꾸는) 공사에는 시간이 걸리기 때문에 오랫동안 운행을 멈춰야 하는 불편이 있습니다. 그래서 현재, 개궤 공사를 하지 않고 신칸센과 재래선의 직통 운전을 실현하는 차량으로 궤간 가변 전차Gauge Changeable Train를 개발하고 있습니다.

일본에서 개발하고 있는 궤간 가변 전차는 궤간 가변 대차라고 하는 특수한 구조의 대차로 차체를 지지하는 전차입니다. 궤간 가변 대차는 궤간이 다른 선로의 경계에 놓인 궤간 변환 장치를 통과할 때, 좌우 바퀴의 간격이 변하는 구조로 되어 있어서 신칸센(표준궤)과 재래선(협궤)의 양쪽을 주행할 수 있습니다. 궤간 변환 장치 이외의 곳에서는 좌우의 바퀴가 잠금 장치에 의해서 고정되기 때문에, 주행 중에는 바퀴의 간격이 바뀌지 않습니다. 현재 실용화를 향해서 시험차가 주행 시험을 반복하고 있습니다.

이와 같은 차량은 스페인에서 이미 실용화되었습니다. 스페인의 국철은 대부분이 광궤(1,668mm)여서 이웃나라 프랑스 등의 표준궤의 철도에 열차가 들어갈 수 없었습니다. 그래서 일본보다 빠르게 궤간 가변 대차를 실용화하여, 1968년에는 궤간 가변 객차(TalgoIII-RD)를 달리게 했습니다. 이후 표준궤의 고속 전용선이 건설되자 재래선과 고속 전용선을 직통 운전하기 위해서 2006년에 궤간 가변 전차의 영업 운전을 시작했습니다.

일본에서 궤간 가변 전차의 실현이 스페인보다 늦어진 이유는 협궤에 대응한 궤간 가변 대차의 개발이 어려운 점과 신칸센이 달릴 때의 소음 대책 등 기술적 과제를 해결해야 하기 때문입니다.

궤간 가변 전차

시코쿠(四国)의 JR 요산(予讃)선에서 주행 시험을 하는 궤간 가변 전차의 제2차 시험차. 표준궤의 신칸센과 협궤의 재래선의 직통 운전을 실현할 차량으로 기대를 모으고 있다.

궤간 가변 대차의 구조

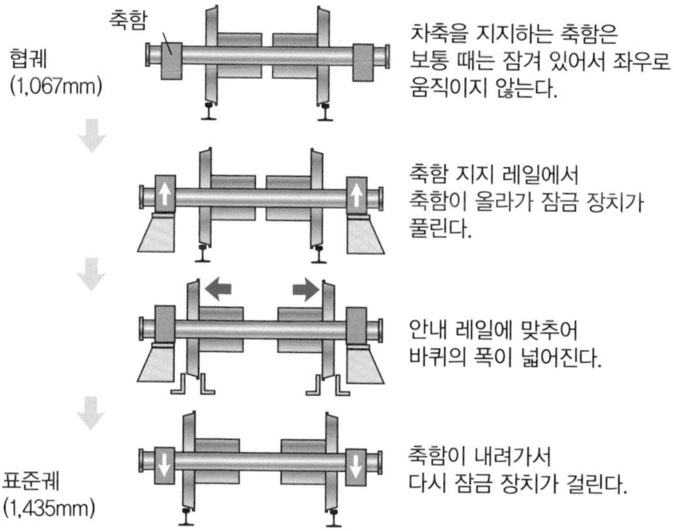

궤간이 다른 선로의 경계에 설치된 변환 장치에 도착하면 대차의 잠금 장치가 풀려서 좌우 바퀴의 간격이 변하게 된다. 변환 장치를 통과하면 다시 잠금 장치가 걸리기 때문에 주행 중에는 바퀴의 간격이 바뀌지 않는다.

4-07 수송력을 높인 2층 신칸센 전차

JR 히가시니혼의 신칸센 전차 중에는 'Max'라고 하는 차량 전체가 2층으로 이루어진 신칸센 전차가 있습니다. Max는 'Multi Amenity eXpress'의 줄인 말로, 최대를 의미하는 'maximum'의 의미가 겹쳐진 애칭이기도 합니다.

Max에는 초대 E1계(12칸 편성 · 좌석 정원 1,235명)와 2대째의 E4계(8칸 편성 · 좌석 정원 817명)가 있습니다. E4계를 2대 연결한 16칸 편성은 좌석 정원이 1,634명으로 고속 열차로는 세계 최대급입니다. 도카이도 · 산요 신칸센의 '노조미'(N700계 16칸 편성)는 좌석 정원이 1,323명이므로 그보다 1.2배 이상 많습니다.

Max가 필요하게 된 것은 도호쿠 · 조에쓰 신칸센의 수송력이 부족했기 때문입니다. 특히 1980년대 후반의 거품 경제 시기에는 도쿄 중심부의 땅값 상승으로 인하여, 교외에서 도쿄로 신칸센을 이용하여 통근하는 사람이 늘어나면서 혼잡이 극심해졌습니다. 하지만 도쿄 역으로 들어올 수 있는 열차 수에는 한계가 있었기 때문에 열차를 증차하는 것은 어려웠습니다. 그래서 2층으로 이루어진 Max를 개발하여 열차 1대당 좌석 수를 늘려서 혼잡을 완화하려고 한 것입니다. 이후 Max는 1층 구조의 신형 전차로 바뀌었으며 2012년에는 E1계가 은퇴하였고, 남은 E4계도 곧 은퇴할 예정입니다.

Max와 많이 닮은 해외의 고속 차량으로 프랑스의 TGV Duplex가 있습니다. 10칸 편성으로 앞뒤 양끝(2칸)은 기관차이며 그 사이의 8칸이 2층 구조의 객차입니다. 좌석 정원은 516명으로 Max만큼 많지는 않지만 기존의 10칸 편성(TGV Sud-Est)의 좌석 정원의 1.4배 이상 됩니다.

JR 히가시니혼 E4계

8칸 편성으로 차량 전체가 2층으로 이루어진 신칸센 전차. 차량 2대가 연결된 16칸 편성의 좌석 정원은 1,634명이다. 고속용 차량으로는 세계 최대이다. 최고 속도는 시속 240km.

프랑스 국철 TGV Duplex

앞뒤 양끝으로 전기 기관차 2칸을 연결한 10칸 편성이며 중간의 8칸의 전차가 2층으로 이루어졌다. 1편성의 정원은 516명, 2편성을 연결하면 1,032명이다. 최고 속도는 시속 320km이다.

4-08 선로를 점검하는 '닥터 옐로우'

도카이도·산요 신칸센에는 '닥터 옐로우'라는 애칭의 노란색 전차(현재는 7칸 편성)가 있습니다. 일반인은 탈 수 없는 사업용 차량으로 대체로 10일에 1번 주행합니다.

닥터 옐로우의 정식 명칭은 신칸센 전기 궤도 종합 시험차입니다. 영업 열차와 같은 속도로 달리면서 레일이 휘었는지를 점검하고, 가선 등의 전기 설비나 신호 설비의 상태를 확인합니다. 즉, 주행하면서 선로의 건강 진단을 하는 의사(닥터)와 같은 역할을 합니다. 영업 열차가 쉬는 심야 시간에 선로 보선 작업을 하기 때문에, 선로가 항상 안전하고 승차감이 좋은 상태를 유지합니다.

신칸센 이외의 철도에서는 작업원이 직접 다니면서 선로에 이상이 없는지를 눈으로 확인하므로 닥터 옐로우와 같은 차량이 꼭 필요하지는 않지만, 신칸센에서는 이와 같은 방식으로는 확인 작업을 할 수 없습니다. 안전을 위해서 영업 열차가 달리는 시간에 작업원이 선로에 들어가는 일이 금지되어 있기 때문입니다. 때문에 영업 열차에 영향을 주지 않으면서 선로 상태를 검사하는 닥터 옐로우가 필요하게 된 것입니다.

과거에는 JR 히가시니혼의 신칸센에도 닥터 옐로우가 달렸지만, 현재는 '미니 신칸센'의 재래선 구간도 주행이 가능한 '이스트 아이East i'라는 차량이 달립니다. JR 규슈九州가 운영하는 규슈 신칸센에는 닥터 옐로우와 같은 신칸센 전기 궤도 종합 시험차는 없지만, 일부 영업용 차량에 닥터 옐로우와 같은 기능을 추가하여 선로의 상태를 체크하고 있습니다.

닥터 옐로우(T4 편성)

JR 도카이 신칸센 전기 궤도 종합 시험차. 7칸 편성으로 각종 측정 장치가 차내에 배치되어 있다. 도카이도 신칸센을 10일에 1번 정도 주행한다.

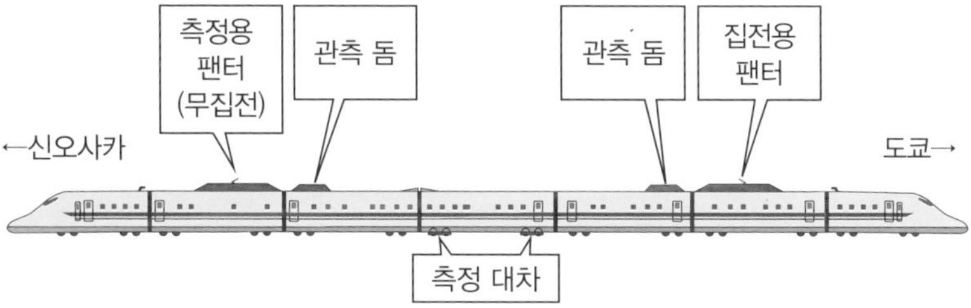

이스트 아이(East i)

JR 히가시니혼의 신칸센 전기 궤도 종합 시험차. 도호쿠·조에쓰·호쿠리쿠(나가노) 신칸센뿐만 아니라 미니 신칸센(야마가타·아키타 신칸센)에도 주행이 가능하다.

4-09 한겨울에도 안전한 신칸센의 대책

운전 속도가 빠른 신칸센에서는 눈 때문에 여러 가지 문제가 생깁니다. 가령 차체에 달라붙은 눈이 주행 중에 떨어져 선로의 자갈을 튀게 하거나 강풍에 얼어붙은 눈이 사방으로 튀기도 하는데, 이때 창문 혹은 차체 바닥 아래의 기기에 자갈이나 언 눈이 부딪혀 고장이 나기도 합니다.

개업 당시 눈과 관련한 대책이 충분하지 않았던 도카이도 신칸센은 강설량이 많은 세키가하라関ヶ原 부근(기후하시마~마이바라 구간)에서 눈으로 인한 사고가 빈번했습니다. 현재는 약 70km 구간에 스프링클러를 설치하여 선로에 물을 뿌려주는데(1시간 우량 환산 5mm), 물이 눈을 적셔서 열차가 통과할 때 흩날리는 눈이 차체에 달라붙는 것을 막아줍니다. 이와 같은 대책 덕분에 눈 때문에 열차가 멈추는 '운휴'도 줄었습니다.

JR 히가시니혼의 신칸센은 기온이 낮은 지역을 통과하기 때문에 도카이도 신칸센 이상으로 추위와 눈과 관련한 대책을 강화하여, 겨울에도 날씨의 영향을 적게 받도록 노력하고 있습니다. 예를 들면, 조에쓰 신칸센의 에치고유자와越後湯沢~나가오카長岡 구간은 적설량이 1m를 넘는 세계에서도 유명한 대설 지역이기 때문에, 온수를 대량으로 뿌리는(1시간 우량 환산 42mm) 스프링클러를 사용하여 선로에 눈이 없는 상태를 유지합니다. 그 외의 구간에는 눈을 저장하는 저설식 고가 다리를 설치하거나 자갈이 튀는 것을 막기 위해 매트를 깔고, 또 레일을 움직이는 분기기가 얼지 않도록 온풍을 쐬어주고 있습니다. 또 에치고유자와 역이나 하치노헤八戸 역처럼 플랫폼 전체를 지붕으로 완전히 덮어서 플랫폼과 선로에 눈이 쌓이지 않도록 하는 역도 있습니다. 전차에도 추위와 눈에 관한 대책이 강화되고 있는데, 선두부의 아래쪽에 선로의 눈을 제거하는 스노 플라우snow plough를 부착하고 있습니다.

도카이도 신칸센 마이바라 역

표고가 높은 세키가하라 부근의 약 70km의 구간에는 강설량이 많기 때문에 스프링클러를 설치하여 선로에 물을 뿌려주고 있다. 물이 눈을 적셔서 열차가 통과할 때 바람에 눈이 흩날리는 것을 막아준다. 차량에 눈이 달라붙지 못하도록 하는 대책이다.

조에쓰 신칸센의 에치고유자와 역 부근

세계에서도 손꼽히는 대설 지대. 지상의 조에쓰선의 선로(왼쪽)에는 눈이 쌓여 있지만, 고가 다리 위를 달리는 조에쓰 신칸센의 선로(오른쪽)에는 스프링클러를 사용하여 눈이 없는 상태가 유지되고 있다.

4-10 리니어 모터 구동과 자기 부상 철도

철도에 있어서 고속화는 커다란 과제입니다. 하지만 점착식 구동에서의 고속화에는 한계가 있습니다. 점착식 구동에 의한 견인력과 차량의 추진을 방해하는 주행 저항이 일정 속도에서 균형이 이루어지면 그 이상의 속도를 낼 수 없기 때문입니다. 여기서 말하는 주행 저항은 속도의 제곱에 비례하여 커지는 공기 저항이 큰 비율을 차지합니다. 또 철 레일 위를 철 바퀴가 고속으로 굴러가면 주행이 불안정해져서 탈선이 일어나기 쉽습니다.

이러한 문제를 근본적으로 해결하기 위해 점착식 구동 이외의 추진 방법과 차량이 공중에 뜬 채 달리는 부상식 철도를 생각하게 되었습니다. 프랑스와 영국에서는 1960년대에 공기로 부상시키는 공기 부상식 철도가 고안되었습니다. 추진 방법으로는 제트 추진이나 프로펠러 추진이 검토되었지만 실용화에는 이르지 못했습니다.

독일에서는 20세기 초반에 차량이 자기로 부상하거나, 리니어 모터 구동으로 추진하는 자기 부상식 철도가 고안되었습니다. 리니어 모터란 회전축이 회전 운동하는 모터를 펼쳐서 직선 운동을 하도록 한 것으로, 철도에 응용하면 자석끼리 끌어당기거나 밀어내는 힘으로 차량을 앞뒤로 움직일 수 있습니다. 차량과 레일 사이에 생기는 마찰에 상관없이 추진이 가능하므로 점착식 구동에서는 어려웠던 급가속이나 경사가 심한 오르막도 주행이 가능하고, 또한 점착식 구동에서는 실현할 수 없었던 고속화도 가능해집니다.

이러한 이유에서 1960년대에 독일과 일본에서는 자기 부상 철도의 실용화를 목표로 연구가 본격화되었습니다. 그 결과 탄생한 것이 자기 부상 철도의 일종으로, 시속 500km가 넘는 영업 운전을 목표로 하는 초전도 자기 부상 철도(초전도 리니어)입니다.

리니어 모터 구동

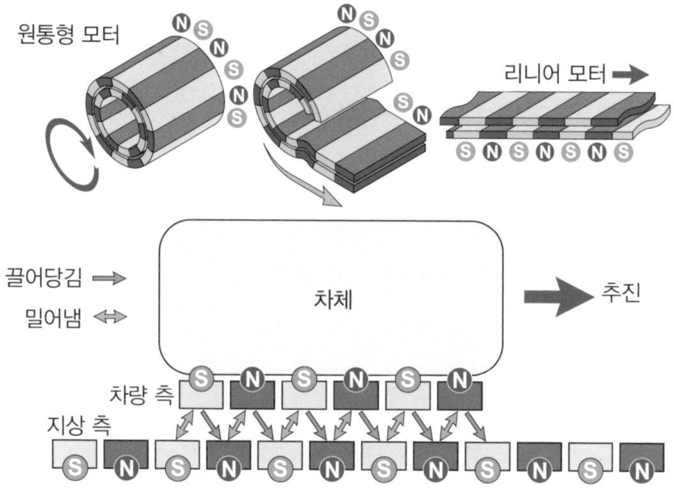

원통형 모터를 직선 모양으로 펼친 리니어 모터로 차량을 추진시킨다. 차바퀴와 레일 사이에 마찰이 작용하지 않기 때문에, 급경사 및 초고속으로도 추진이 가능하다.

자기 부상 철도

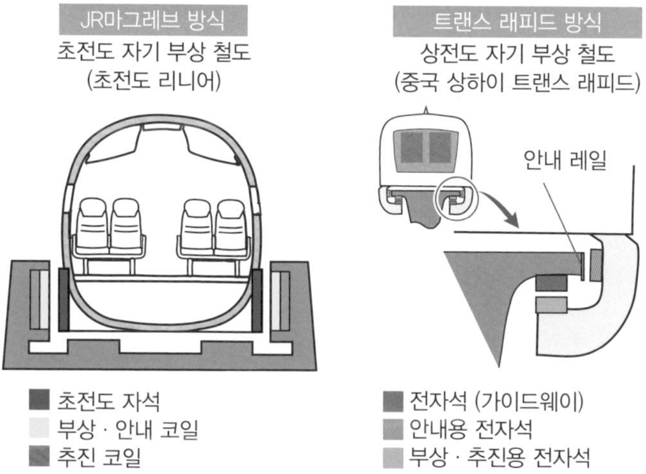

자석의 힘으로 차량(차체)이 부상하는 철도이다. 종류에 따라 차량과 가이드웨이의 전자석 및 부상 코일의 구성이 다르다. HSST는 도시 철도에 응용되었다(5장 5-07참조).

4-11 초전도 리니어와 트랜스 래피드

자기 부상 철도는 해외에서 '마그레브Maglev'라고 불리며, 이는 '자기 부상'을 의미하는 영어 Magnetic Levitation의 약자입니다. 실용화했거나 현재 개발 중인 자기 부상 철도는 리니어 모터로 구동하기 때문에 일본에서는 '리니어 모터카'라고도 부르는데, 이 말은 '자기 부상'의 의미를 담고 있지 않습니다. 차량이 시속 400km 이상으로 달리는 자기 부상 철도로는 일본이 개발한 초전도 리니어와 독일이 개발한 트랜스 래피드Transrapid가 있습니다.

초전도 리니어는 초전도 자석을 사용한 자기 부상 철도입니다. 초전도 자석은 극저온에서 전기 저항이 제로가 되는 현상(초전도 현상)을 이용한 전자석으로 일반 전자석(상전도 자석)보다 강력한 자기장을 발생합니다. 초전도 리니어는 가이드웨이의 좌우 양쪽에 있는 부상 코일과 차량의 대차에 있는 초전도 자석을 사용하여 고속 주행 시 차량을 약 10cm 띄웁니다. 높게 부상하기 때문에 지진이 많은 일본에서도 차량이 가이드웨이와 접촉할 위험성이 낮다고 보고 있습니다. 2003년에는 철도의 세계 최고 속도 기록(시속 581km)을 수립했고, 앞으로 중앙 신칸센에 도입할 예정입니다. 시속 505km의 영업 운전이 실현되면 도쿄에서 오사카까지의 소요 시간을 최단 67분으로 연결할 수 있을 것으로 추산합니다.

트랜스 래피드는 상전도 자석(일반 전자석)을 사용한 자기 부상 철도입니다. 2002년에 중국의 상하이에서 실용화되어 영업 철도로는 세계 최고 속도인 시속 430km로 운전합니다. 차체를 띄우는 높이는 약 8mm로, 초전도 리니어의 10분의 1 이하입니다. 냉각 장치가 필요한 초전도 자석을 사용하지 않기 때문에 초전도 리니어보다 차량이나 설비 비용을 절약할 수 있는 등의 이점이 있습니다.

일본의 JR마그레브(초전도 리니어)

일본이 개발한 방식. 강력한 자기장을 발생하는 초전도 자석으로 차체를 약 10cm 띄워서 초고속으로 달린다. 도쿄~오사카 구간을 연결하는 중앙 신칸센에 도입될 예정. 사진은 야마나시(山梨) 실험선이다.

독일의 트랜스 래피드(중국 상하이의 트랜스 래피드)

독일이 개발한 방식이지만 중국에서 실용화되었다. 상전도 자석(일반 전자석)으로 차체를 약 8mm 띄워서 달린다. 최고 속도는 시속 430km로 영업 철도로는 세계 최고 속도이다.

COLUMN 빠르게 달리는 점착식 구동의 철도

자기 부상식 철도의 개발이 본격화된 1960년대에는 점착식 구동으로는 시속 400km 이상으로 주행하는 것이 어렵다고 생각했습니다. 하지만 지금까지의 주행 시험에서 시속 400km 이상으로 주행한 기록이 있습니다.

JR 도카이 시험차(300X)는 1996년에 도카이도 신칸센의 마이바라(米原)~교토(京都) 구간을 시속 443km로 달렸습니다.

프랑스에서는 2007년, TGV의 특별 편성 차량이 고속 전용선에서 시속 574.8km를 기록했습니다. 이것은 점착식 구동의 철도로는 세계 최고 기록으로, 일본의 초전도 리니어가 수립한 철도 세계 최고 기록(시속 581km)에 근접합니다.

하지만 이것은 주행 시험 이야기입니다. 매일 주행하는 영업 운전의 최고 속도를 올리는 것은 간단하지 않습니다. 주행 안전성을 확보해야 하고 소음 대책 등 많은 과제를 해결해야 하기 때문입니다.

도카이도 신칸센을 시속 443km로 달린 시험차(300X). 이 기록은 초전도 리니어를 제외하고 지금도 일본 내에서는 최고 속도이다. 사진은 리니어 철도관의 전시 차량.

5장

도시 철도와 산악 철도

철도가 다니기 어려운 건물이 밀집한 도시나
기복이 심한 산악 지역에는 선로를 어떻게 부설할까요?
일본과 여러 나라의 예를 살펴보겠습니다.

5-01 고가 철도와 지하철의 탄생

인구가 밀집한 도시 교통에서 빼놓을 수 없는 것이 도시 안에서 대량 여객 수송이 가능한 도시 철도입니다. 도시 철도는 뉴욕의 마차 철도에서 유래했습니다. 마차 철도는 도로에 깔아 놓은 선로를 마차가 달리는 노면 철도로, 도로에 선로를 부설한 것은 건물이 밀집한 도심부에서 철도 용지를 새롭게 확보하기가 어려웠기 때문입니다. 마차 철도는 이후에 노면 전차가 되었습니다.

도시화의 진행과 더불어 이용자가 늘면서 도시 철도에 수송력이 요구되었습니다. 하지만 여러 대의 차량을 연결한 열차가 노면에서 달리면 도로 교통에 영향을 주게 됩니다. 그래서 뉴욕에서는 1870년대부터 고가 철도를 건설했습니다. 도로에 고가 다리를 만들어, 그 위로 열차를 달리게 함으로써 자동차와 열차가 다니는 길을 입체적으로 분리한 것입니다.

런던에서는 도로 밑에 터널을 만들어 그곳에 열차를 달리게 했습니다. 당시는 독일에서 전차가 탄생하기 전이어서 증기 기관차가 견인하는 객차 열차가 지하를 달렸습니다. 이것이 바로 세계 최초의 지하 철도(지하철)입니다. 1863년에 개업한 이 지하철은 거리가 먼 터미널 역을 이어주는 것이 목적이었지만, 편리함이 주목되면서 세계의 대도시에 지하철이 확대되는 계기가 되었습니다.

한편 뉴욕에서 고가 철도의 보급은 지상의 도로를 그늘지게 하고 도시 경관을 해쳤으며, 무엇보다 강철로 만든 고가 철도에서 나는 소음이 큰 문제가 되었습니다. 때문에 20세기에 들어서 고가 철도 대신 지하철로 바뀌었고 중심가인 맨해튼을 시작으로 거의 대부분의 고가 철도가 사라졌습니다. 도쿄는 이러한 유럽과 미국의 시행착오를 참고하여 지하철을 도입했습니다.

도로 용지를 사용한 도시 철도

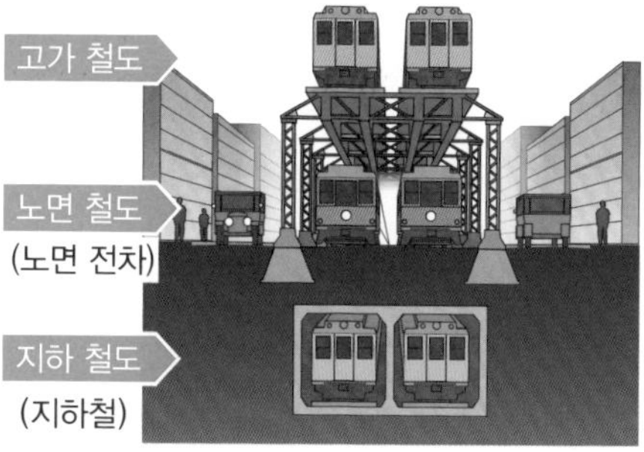

최초의 도시 철도는 노면 철도였다. 도로 정체가 심해지자 도로 부지를 입체적으로 사용하게 되면서, 고가 다리를 지나는 고가 철도와 지하 터널을 달리는 지하 철도(지하철)가 생겨났다.

런던에서 탄생한 지하철

1863년에 개업한 세계 최초의 지하철. 도심부에 흩어져 있는 터미널 역을 연결했다. 당시는 전기 운전 기술이 없었기 때문에 증기 기관차가 견인하는 객차 열차가 터널을 달렸다.

뉴욕의 고가 철도

1870년대부터 강철로 만든 고가 다리 위로 열차가 달렸다. 지하철보다 건설비는 저렴했지만 선로 주변의 소음 문제와 도시 경관을 해치는 문제로 이후에 지하철로 바뀌었다. 사진은 뉴욕 교통 박물관의 전시물.

5-02 고가 철도와 지하철

1927년, 도쿄에서 일본 최초의 지하철(현재의 도쿄 메트로 긴자銀座선(아사쿠사浅草~우에노上野 구간))이 개업했습니다. 기술이 충분히 발달하지 않았던 당시에는 런던이나 뉴욕, 베를린 등의 지하철을 참고하는 한편, 미국에서 터널 건설을 배우고 전차와 신호 시스템 등의 기술을 수입했습니다.

그 후 지하철은 오사카에 건설되었으며, 전쟁이 끝난 후 나고야名古屋 및 삿포로札幌, 요코하마横浜 등에도 건설되었습니다. 도쿄의 지하철도 노선망을 확대하여 발달하였고 지금은 도쿄 메트로와 도영都営, 도쿄도가 경영·역주 지하철을 합쳐서 하루에 785만 명(2009년 통계)이 이용하고 있습니다. 한 도시의 지하철 이용자 수로는 세계 최대 규모입니다.

일본의 도시는 지하철뿐만 아니라 고가 철도도 도입했습니다. 역사가 오래된 대표적인 예로 JR 야마노테山手선 등이 다니는 신바시新橋~우에노上野 구간이 있습니다. 이것은 신바시 역과 우에노 역, 두 곳의 터미널 역을 연결하기 위해 메이지明治 시대에 건설된 것으로, 베를린에 건설된 벽돌로 만든 고가 철도를 모델로 삼았습니다.

이 밖에도 고가 철도는 일본의 도시에 많이 있는데, 뉴욕의 고가 철도와 같이 강철이 아닌 소리가 울리기 어려운 콘크리트로 만든 고가 다리가 대부분입니다. 모노레일이나 신교통 시스템에도 고가 다리가 많이 있지만, 인근에 소음으로 인한 피해를 줄이고 도시 경관을 해치지 않기 위해 노력하고 있습니다. 또 신칸센의 고가 다리와 같이 방음벽을 설치하여 소리가 퍼져나가는 것을 방지한 예도 많습니다.

현재의 도쿄는 세계에서도 손꼽힐 정도로 도시 철도가 발달한 도시입니다. 해외 주요 도시의 철도 노선도와 비교해보면 쉽게 알 수 있습니다.

일본 최초의 지하철 전차

1927년에 개업한 도쿄 지하 철도의 초대 전차(1000형). 베를린 지하철을 본떠서 차체를 노란색으로 칠했다. 뉴욕의 지하철을 모델로 삼아 터널을 건설하는 등 당시에는 많은 기술을 해외에서 배웠다.

일본 초기의 고가 철도

신바시~우에노 구간을 연결한 고가 철도. 현재는 야마노테(山手)선 · 게이힌도호쿠(京浜東北)선 · 도카이도(東海道) 본선이 다니고 있으며 다리 밑이 음식점 거리를 이루고 있어서 유명하다. 베를린의 고가 철도를 모델로 삼았다.

5-03 일본과 세계의 도시 철도

일본과 해외의 도시 철도는 여러 면에서 차이가 있습니다. 예를 들면, 도쿄에는 시가지의 지상을 한 바퀴 도는 JR 야마노테선이 있어서 터미널 역과 터미널 역 사이를 연결합니다. JR 야마노테선의 안쪽에는 13개 노선의 지하철이 다니고 있고, 바깥쪽에는 지상을 달리는 JR 및 사철이 시가지와 교외를 이어주고 있습니다. 또한 지하철과 JR, 사철의 열차가 서로 들어오고 나가는 상호 직통 운전도 활발하게 이루어지고 있습니다.

해외에는 도쿄처럼 도시 철도망을 구축한 도시가 적습니다. 인구가 밀집한 지역의 지상을 통과하는 JR 야마노테선과 같이 철도가 많은 도시는 오히려 드뭅니다.

런던도 도쿄와 마찬가지로 여러 터미널 역이 도심에 흩어져 있습니다. 하지만 도쿄보다 일찍 도시화가 진행되었기 때문에 터미널 역을 연결하는 철도를 지상에 건설할 수 없었습니다. 그래서 JR 야마노테선처럼 도심을 한 바퀴 도는 지하철을 만들었습니다. 그중 일부가 세계에서 처음으로 지하철로 개업한 구간입니다.

중국의 상하이는 인구는 많지만 도쿄보다 도시 철도의 정비가 늦었기 때문에, 최근 급속도로 지하철을 정비하고 있습니다. 상하이의 지하철은 지상 구간이 많아서 도쿄의 지하철과 JR, 사철을 연결한 모양이라고 말할 수 있을지도 모릅니다.

노선마다 다른 종류의 전차가 달리는 도쿄의 지하철과 달리 해외의 지하철에서는 다른 노선에서 같은 종류의 전차가 달리고 있는 경우가 많습니다. 도쿄의 지하철에서는 상호 직통 운전을 위해 노선마다 규격을 바꿔야 해서 같은 종류의 전차가 달릴 수 없고, 선로가 이어진 노선이라도 대응하는 열차 무선 및 신호 시스템의 종류가 다른 전차가 달리고 있습니다.

터미널 역을 연결하는 순환선

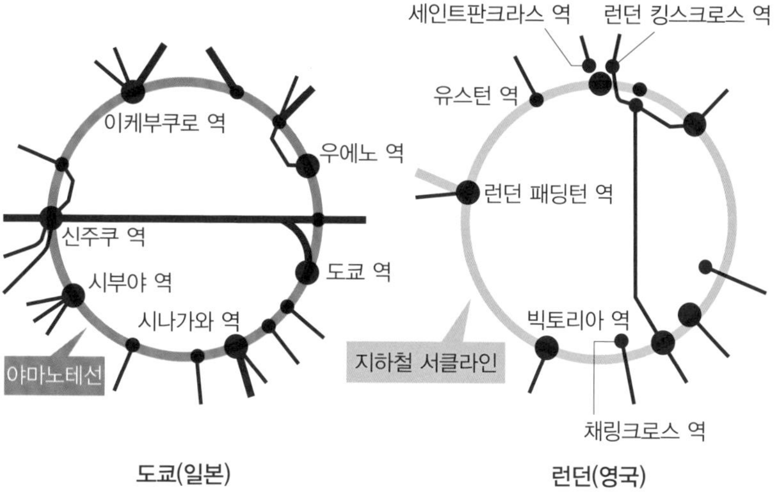

각각 중심가를 한 바퀴 돌면서 주요 터미널 역을 연결한다. 런던 지하를 다니는 서클라인은 1884년, 도쿄의 지상을 다니는 JR 야마노테선은 1925년에 순환 운전을 시작하였다.

런던의 지하철 서클라인

런던의 중심가에서 순환 운전을 하는 지하의 철도. 중심가에 흩어져 있는 터미널 역을 연결한다. 사진은 세계에서 가장 오래된 지하철역인 베이커 스트리트(Baker Street) 역이다. 개업 당시의 모습이 남아 있다.

5-04 지하철의 문제와 중규모 수송의 철도

지하철은 노면 전차보다 빠르고 쾌적한 도시 교통 수단으로 주목을 받으며 세계의 150곳 이상의 도시에 건설되었습니다. 하지만 건설비가 비싼 것이 큰 문제였습니다.

일본의 경우 2000년 이후의 지하철 건설 비용은 1km당 200억 엔 이상이 대부분이며, 교토 시영 지하철 도자이東西선처럼 1km당 300억 엔을 넘은 예도 있습니다. 이러한 건설 비용에 상응하는 수송 수요가 있으면 문제가 없겠지만 수송 수요가 적으면 지하철 운영은 어려워집니다. 그렇지만 도로 정체가 심한 도심부의 교통을 개선하기 위해서는 도시 철도의 정비가 필요하기 때문에, 지하철 건설 비용을 줄이는 방법과 더불어 지하철 이외의 새로운 유형의 도시 철도가 검토되었습니다.

지하철 건설 비용을 줄이는 방법은 크게 두 가지입니다. 첫 번째는 전차 및 터널의 단면적을 줄여서, 운반하는 흙과 모래 등 필요한 건설 자재의 양을 줄이는 방법입니다. 두 번째는 급경사와 급커브에 대응한 노선을 설치하여 거리를 짧게 하는 방법입니다. 가령 나고야에서는 단면이 작은 전차를 채용하고, 삿포로에서는 급경사에 대응한 고무 타이어 바퀴 전차를 채용하였습니다. 또한 오사카 등의 도시에서 '리니어 메트로'라고 불리는 소형 지하철을 도입한 것도 건설 비용을 줄이려는 노력의 일환입니다. 해외에는 '튜브'라고 불리는 런던의 지하철을 예로 들 수 있는데, 전차의 단면을 반원형으로 만들어 터널의 단면적을 줄였습니다.

지하철 이외의 새로운 유형의 철도는 지하철이나 일반 철도보다 수송 규모를 줄여서 시설 규모를 축소한 것입니다. 버스보다는 크고 지하철보다는 작은 중규모의 수송을 담당하는 도시 모노레일이나 신교통 시스템, LRT 등이 여기에 해당합니다.

나고야 시영 지하철 100형

나고야 시영 지하철의 초대 전차로 1957년에 영업 운전을 개시했다. 건설비를 절약하기 위해 차체 단면을 작게 만들었다. 차체의 노란색은 이후에 히가시야마(東山)선의 상징이 되었다.

런던의 지하철 '튜브'

일본의 지하철보다 터널의 단면이 작다. 전차의 단면도 터널의 단면에 맞춰져 있기 때문에 지붕과 출입문이 곡선을 이룬다.

5-05 고무 타이어식 지하철

세계 여러 도시의 지하철에는 고무 타이어 바퀴를 장착한 전차가 주행하는 곳도 있습니다. 대표적인 곳이 파리와 삿포로입니다. 그런데 두 도시의 지하철은 주행 시스템이 다릅니다.

파리에는 중심가만 달리는 '메트로'와 중심가와 교외를 연결하는 'RER(급행 지하철)', 두 종류의 지하철이 있습니다. 현재 메트로는 고무 타이어 바퀴를 장착한 선차가 달리지만, 1900년 개업 당시에는 철 바퀴 전차가 달렸습니다. 역과 역 사이가 평균 300m로 노면 전차처럼 짧았기 때문에 가속과 감속을 단시간에 할 수 있도록, 이후에 고무 타이어 바퀴를 장착한 전차를 도입한 것입니다. 하지만 이 전차의 차축에는 고무 타이어 바퀴뿐만 아니라 철 바퀴도 달려 있습니다. 고무 타이어 바퀴가 펑크나면 철 바퀴가 차체를 지지하는 구조입니다. 선로에는 고무 타이어 바퀴가 굴러가는 주행로와 철 바퀴가 굴러가는 철 레일뿐만 아니라 차량을 유도하는 안내 레일이 좌우 양쪽에 있어서 구조가 복잡합니다.

삿포로의 지하철은 가속·감속의 시간을 줄여줄 뿐만 아니라 급경사에 대응하고 소음을 줄이기 위한 목적으로 고무 타이어 바퀴를 장착한 전차를 도입했습니다. 선로의 구조를 간단하게 하기 위해 전차는 고무 타이어 바퀴만으로 차체를 지지하는 구조로 이루어져 있으며, 철 바퀴는 달려 있지 않습니다. 고무 타이어 바퀴가 펑크나면 다른 고무 타이어 바퀴나 보조 바퀴가 차체를 지지합니다.

고무 타이어 바퀴를 장착한 전차는 철 바퀴 전차의 구동과 소음 문제를 해결할 것으로 기대를 모았습니다. 하지만 현재는 철 바퀴를 장착한 전차의 주행 성능이 향상되고 주행 소음도 줄어듦에 따라 지하철에 고무 타이어식 전차를 도입하는 이점이 적어졌습니다.

고무 타이어식 지하철

파리 방식

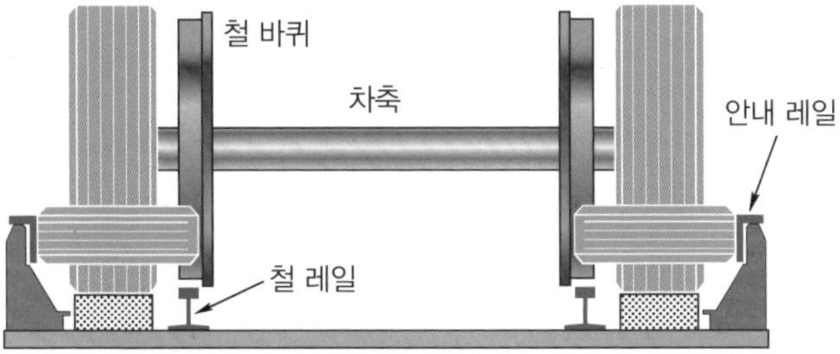

삿포로 방식
(그림은 난보쿠선)

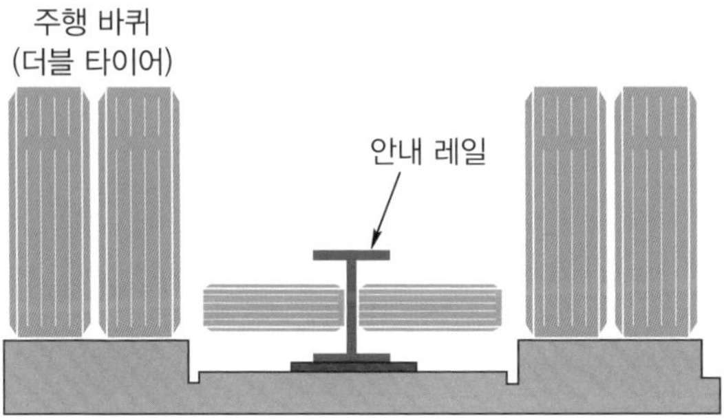

■ 주행 바퀴
■ 안내 바퀴
■ 레일

파리 방식

대차의 바퀴에는 고무 타이어 바퀴와 철 바퀴가 있어서 고무 타이어 바퀴가 펑크나면 철 바퀴가 철 레일 위로 굴러가서 차체를 지지한다. 궤도에는 안내 레일도 있어서 구조가 복잡하다.

삿포로 방식(난보쿠선)

좌우에 2개씩 고무 타이어의 주행 바퀴가 있어서 1개의 고무 타이어 바퀴가 펑크가 나더라도 다른 1개로 차체를 지지하도록 되어 있다. 파리 방식보다 궤도 구조가 간단하다.

5-06 도시 모노레일과 신교통 시스템

일본에는 중규모의 수송을 담당하는 도시 철도로서 도시 모노레일과 신교통 시스템이 있습니다. 도시 모노레일은 1960년대부터, 신교통 시스템은 1980년대부터 본격적으로 도입되었습니다. 일본의 도시 모노레일에는 과좌식과 현수식이 있습니다. 과좌식은 차량이 레일 위를 달리는 방식으로, 도쿄 도심과 하네다羽田 공항을 연결하는 도쿄 모노레일 및 오키나와沖縄현의 유일한 철도인 '유이레일' 등이 있습니다. 현수식은 차량이 레일에 매달려서 달리는 방식으로, 지바千葉 도시 모노레일 및 쇼난湘南 모노레일 등이 있습니다. 양쪽 모두 고무 타이어 바퀴를 사용하여 급경사에 대응합니다. 고가 다리 등이 점유하는 면적이 작아서 용지 매수가 어려운 도심에 설치하기 좋다는 장점이 있는 반면에, 위급 시 차량 밖으로 피난하기가 어렵다는 단점도 있습니다.

신교통 시스템은 넓은 의미에서 기존의 철도와는 구조가 다른 새로운 철도를 가리키며, 뒤에서 설명할 HSST(상전도 자기 부상 리니어)와 가이드웨이 버스를 포함합니다. 일반적으로는 AGT(신교통 시스템)Automated Guideway Transit라고 부르는 고무 타이어 바퀴를 장착한 전차가 달리는 철도를 말합니다. 일본의 신교통 시스템은 지지 바퀴와는 별도로 있는 안내 바퀴가 레일에 접촉하여 차량의 진로를 유도하는 구조입니다. 모든 역에 스크린 도어가 설치되어 있으며 사이타마埼玉 신도시 교통을 제외하고 무인 운전을 하고 있습니다. 또한 가이드웨이가 피난로가 되기 때문에 도시 모노레일보다 피난하기 쉽다는 장점이 있습니다. 프랑스는 일본의 AGT와 비슷한 신교통 시스템으로 VAL(미니 지하철)을 개발했습니다. VAL은 프랑스뿐만 아니라 이탈리아와 대만, 한국에도 도입되었습니다.

도시 모노레일

과좌식

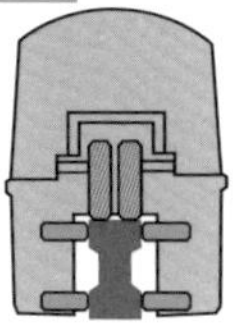

현수식

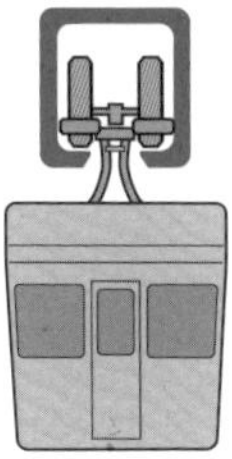

■ 주행 바퀴
■ 안내 바퀴
■ 레일

도쿄 모노레일(과좌식)

도쿄 도심(하마마쓰초(浜松町))과 하네다 공항을 잇는 공항 연결 철도. 열차는 대부분 고가 구간을 달리지만 하네다 공항 부근은 지하로 달린다. 일본의 모노레일 중에서 유일하게 쾌속 열차가 달린다.

신교통 시스템(AGT)

측방 안내식

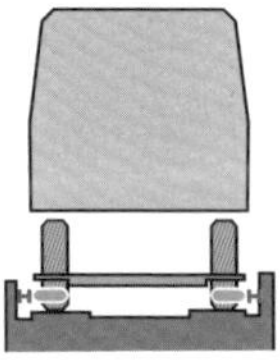

중앙 안내식

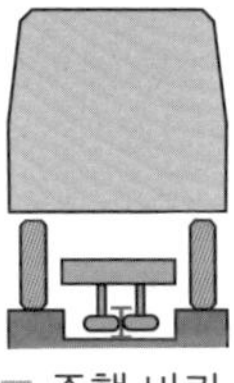

■ 주행 바퀴
■ 안내 바퀴
■ 레일

유리카모메(측방 안내식)

도쿄 도심(신바시(新橋))과 오다이바(お台場) 등 임해 부도심을 연결하는 신교통 시스템이다. 모든 역에 스크린 도어가 있으며 차내에 승무원이 없는 무인 운전을 하고 있다.

5-07 부상하는 리니어와 부상하지 않는 리니어

리니어 모터로 구동하는 리니어 모터카(리니어)는 초전도 리니어처럼 초고속으로 달리는 차량뿐만 아니라 이미 일본의 도시를 달리는 차량이 있습니다. 아이치愛知현의 아이치 고속 교통 도부큐료東部丘陵선으로 애칭은 '리니모'입니다. 리니모는 독일의 트랜스 래피드와 같은 상전도 자기 부상 리니어입니다. 차량이 부상하는 높이는 약 8mm로 트랜스 래피드와 같지만 주행 시스템이나 최고 속도가 시속 100km라는 점이 다릅니다. 리니모는 1970년대부터 일본이 개발한 HSSTHigh Speed Surface Transport를 실용화한 것입니다. HSST 개발에 착수한 것은 일본 항공으로 독일에서 기본 기술을 수입했습니다. 처음에는 나리타 공항과 하네다 공항을 연결하는 고속 교통 수단으로 개발할 예정이었지만, 계획이 변경되어 도시 교통 수단으로 개량되었습니다. 부상하여 주행하기 때문에 주행 시 소리가 조용하고 차내의 진동이 적은 것이 큰 장점이지만, 이용자가 많으면 차량 중량이 증대하여 부상할 수 없다는 등의 약점도 있습니다.

차체가 부상하지 않는 철 바퀴식 리니어도 이미 실용화되었습니다. 철 바퀴식 리니어 전차는 차바퀴로 차체를 지지하며, 대차의 전자석과 선로의 리액션 플레이트reaction plate로 구성된 리니어 모터로 구동합니다. 처음으로 실용화된 것은 1986년에 개업한 캐나다 밴쿠버의 '스카이 트레인Sky Train'이었습니다. 일본에서는 오사카 시영 지하철 나가호리쓰루미료쿠치長堀鶴見緑地선에서 실용화되어, '리니어 메트로'라고 불리는 소형 지하철에서 사용되고 있습니다. 리니어 메트로의 전차는 기존의 원통형 모터가 불필요해져서 대차가 소형화되었고 차량 단면이 작아졌습니다. 때문에 터널의 단면적을 줄일 수 있어서 건설비가 절감되었습니다.

상전도 자기 부상 리니어(HSST)

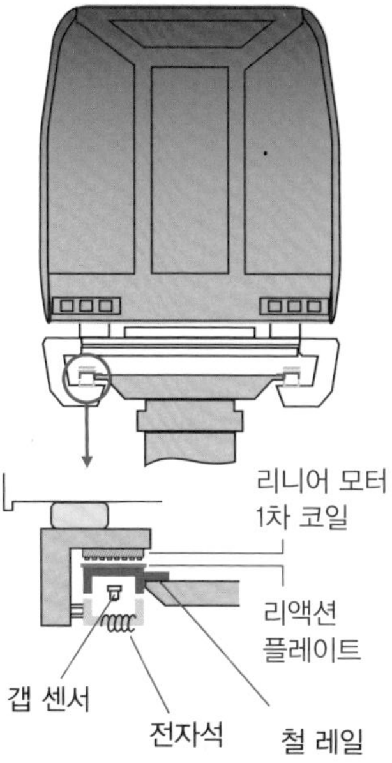

일반 전자석(상전도 자석)으로 차량이 약 8mm 부상하여 주행한다. 트랜스 래피드와는 주행 시스템이 다르다. 아이치 고속 교통 도부큐료선 '리니모'로 영업 운전을 하고 있으며, 2005년에 개최된 아이치 엑스포 박람회장을 오가는 이동 수단으로도 이용되었다. 최고 속도는 시속 100km이다.

철 바퀴식 리니어(리니어 메트로)

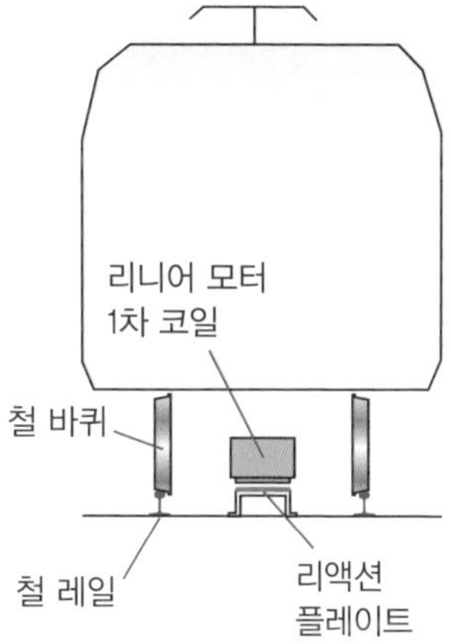

일반 전차와 같이 차바퀴로 차체를 지지하지만, 대차의 1차 코일과 리액션 플레이트(궤도 중앙의 금속판)로 구성된 리니어 모터로 추진한다. 일본에는 건설 비용이 저렴한 소형 지하철로 개발되었다.

5-08 무궤도 전차와 가이드웨이 버스

버스 중에는 무궤도 전차(트롤리버스)trolley bus 혹은 가이드웨이 버스 guideway bus라고 불리는 차량이 있습니다. 이들은 가선이 설치된 곳이나 레일에서만 달릴 수 있으며, 일반 버스처럼 자유롭게 달릴 수 없기 때문에 일본에서는 법률상 철도의 부류로 취급합니다.

무궤도 전차는 전기의 힘으로 도로를 달리는 버스로, 레일이 없다고 해서 붙여진 이름입니다. 전기는 차체의 지붕에 장착된 집전장치(트롤리 폴) trolley pole를 도로 위에 설치한 가선(트롤리 선)에 접촉시켜서 공급받습니다. 레일을 깔 필요가 없고 노면 전차보다 쉽게 도입할 수 있어서 일본에서는 1970년대까지 도쿄 등의 대도시에 보급되었지만, 이후에 일반 버스로 대체되었습니다. 해외의 도시에서는 지금도 찾아볼 수 있어서 무궤도 전차의 장점을 재검토하자는 움직임도 있습니다. 현재 일본에는 도시가 아닌 다테야마 구로베立山黒部 알펜루트의 일부에서만 볼 수 있습니다.

가이드웨이 버스는 일반 자동차의 진입이 금지된 전용 가이드웨이를 달리는 버스입니다. 가이드웨이 주행로의 좌우 양쪽에는 가이드 레일이 깔려 있어서 버스 안내 바퀴와 접촉하도록 되어 있습니다. 사용하는 버스는 일반 버스와 거의 같은 구조이지만, 가이드웨이 주행 중에는 진로가 안내 바퀴와 가이드 레일로 유도되기 때문에 운전사가 핸들을 조정하지 않아도 커브를 통과할 수 있습니다. 1980년대에 독일에서 실용화되었으며, 일본에는 2001년에 개업한 나고야 가이드웨이 버스 '유토리토 라인'으로 도입되었습니다. 유토리토 라인 버스는 교외의 주택지에서는 일반 도로를 달리지만, 교통량이 많은 도심에서는 고가 다리 위의 전용 가이드웨이를 달려서 혼잡한 도로 구간을 피합니다.

일본의 도시에서 사라진 무궤도 전차

과거 일본에는 도쿄 등의 대도시에도 무궤도 전차가 달렸다. 하지만 현재는 다테야마 구로베 알펜루트의 일부에서만 볼 수 있다. 사진은 간사이(関西) 전력 무궤도 전차이다.

나고야 가이드웨이 버스

전용 가이드웨이를 버스가 달린다. 버스 좌우 양쪽에 있는 안내 바퀴가 가이드웨이의 가이드 레일에 접촉하여 주행하므로 운전사가 핸들을 조정하지 않아도 커브를 돌 수 있다.

5-09 노면 전차와 LRT

최근 LRT(Light Rail Transit) 또는 Light Rail이라고 부르는 도시 교통 수단이 주목을 받고 있습니다. Light Rail은 일반 철도보다 수송 규모가 작은 철도라는 의미로, LRT가 반드시 노면 전차를 가리키는 것은 아닙니다. 하지만 일본에서는 유럽에서 인기 있었던 노면 전차가 LRT로 자주 소개되었기 때문에, 개량한 노면 전차를 '발전형 노면 전차'라고 번역하기도 합니다. LRT에서 사용하는 소형 전자는 LRV(Light Rail Vehicle)라고 하며, 차체 바닥면을 낮추어 플랫폼과의 단차를 줄인 전차는 저상 LRV라고 합니다.

노면 전차는 지하철이나 버스, 승용차의 발달로 인해 한때 쇠퇴했지만 1980년대에 들어서 프랑스와 독일에서 다시 부활했습니다. 자동차 사회에 대한 반성의 일환으로 노면 전차를 중심으로 한 새로운 거리 조성 운동이 시작되었기 때문입니다. 이러한 노력은 단순히 노면 전차의 노선을 건설하는 데 그치지 않고, 고령자와 몸이 불편한 사람들도 타고 내리기 쉬운 저상 LRV를 도입하여 누구나가 쉽게 이용하도록 했습니다. 또 도심으로 자동차가 들어오는 것을 금지하고 보행자와 LRV만 통행을 허가하였으며, 이를 위해서 대중교통 전용 지구Transit mall 및 교외의 역에 주차장을 설치하여 철도 이용을 권장하는 파크 앤드 라이드park and ride를 함께 운영하고 있습니다. 이와 같이 대도시의 교통 체증을 완화하고 도시 환경 재생에 힘쓰려는 노력이 성공을 거두자 유럽에서는 LRT의 도입이 활발해졌으며, 자동차 왕국인 미국에서도 많은 도시에서 LRT가 새롭게 건설되었습니다.

이러한 세계적 흐름의 영향을 받아서 일본의 노면 전차에도 저상 LRV를 채용하는 등의 개량이 이루어졌지만, 유럽처럼 LRT를 도시의 '설비'로 발전시켜서 정비하기까지는 이르지 못했습니다.

노면을 달리지 않는 LRV

뉴어크 라이트 레일(미국)

2개의 차체를 연결한 차로 일부 바닥면을 내린 '부분 저상 LRV'이다. 외형은 노면 전차지만 노면 구간은 달리지 않는다. 뉴어크 펜실베이니아역(Newark Penn Station) 근처에서는 지하로도 달린다.

지하도 달리는 LRV

보스턴 지하철 그린 라인(미국)

2개의 차체를 연결한 구조의 LRV이다. 다른 노선의 전차에 비해서 소형이다. 교외에서는 노면 구간을 달리지만 중심가에서는 지하를 달린다. 사진의 전차는 일본제이다.

잔디를 달리는 LRV

가고시마 시덴 · 가고시마 중앙 역 앞

현재 달리는 저상 LRV에는 3개의 차체를 연결한 구조(오른쪽)와 5개의 차체를 연결한 구조(왼쪽)가 있다. 궤도에 잔디를 깐 것은 도시의 열섬 현상을 완화하고 도시 경관을 개선하기 위한 목적이다.

5-10 점착식 구동의 철도와 한계

산악 지대에는 랙식 철도나 케이블카 등 점착식 구동 이외의 방법으로 구동하는 차량이 있습니다. 이들은 점착식 구동을 하는 일반 철도에서는 대응할 수 없는 급경사를 주행하기 위해 고안되었습니다.

점착식 구동을 하는 일반 철도에서는 경사가 심한 곳을 차량이 구동할 수 없는데, 차바퀴와 레일 사이에 마찰이 충분하지 않아 차바퀴가 미끄러지지기 때문입니다. 기관차처럼 차바퀴와 레일 사이에 미끄럼 방지용 모래를 뿌려서 차바퀴가 미끄러지는 것을 방지하기도 하지만, 대응할 수 있는 경사에는 한계가 있으므로 일반 철도에서는 경사를 일정한 값 이하로 건설합니다. 일본 대부분의 철도는 본선의 최대 경사가 33퍼밀 이하입니다.

33퍼밀 이상의 급경사 구간을 점착식 구동으로 주행하는 철도도 있습니다. 가령 하코네箱根 등산 철도의 하코네유모토箱根湯本~고라強羅 구간은 특수 장비를 갖춘 등산 전차가 점착식 구동으로 최대 80퍼밀의 가파른 경사를 주행합니다. 일본에는 하코네 등산 철도를 포함한 6개 철도 회사가 가맹한 '전국등산철도‰(퍼밀)회'가 있습니다. 6개 회사의 철도는 모두 부근에 관광지가 있는 등산 철도이며 전차가 점착식 구동으로 40퍼밀 이상의 경사를 주행합니다. 과거에는 JR 신에츠信越 본선의 요코가와横川~가루이자와軽井沢 구간과 게이한게이신京阪京津선의 게아게蹴上~구조야마九条山 구간에 66.7퍼밀의 급경사가 있어서 특수 장비를 갖춘 기관차나 전차가 주행하였습니다. 이후 전자는 폐지되어 현재는 토롯코 열차가 달리고 있으며, 후자는 지하철이 운행되면서 폐지되었습니다.

해외에는 더 가파른 경사 구간을 달리는 철도가 있습니다. 오스트리아에는 점착식 구동으로는 세계 최고인 116퍼밀의 급경사가 있는 푀스틀링베르크Pöstlingberg 철도가 있습니다.

급경사를 달리는 야마가타 신칸센 '츠바사'

야마가타 신칸센의 재래선 구간(오우 본선)은 이타야(板谷) 고개 부근에서 급경사가 계속된다. 사진 왼쪽 아래를 보면 일반 철도에서는 보기 드문 36퍼밀을 나타내는 급경사 표시가 보인다.

하코네 등산 철도의 등산 전차

하코네유모토 역을 발차하면 곧바로 가파른 오르막길로 올라간다. 최대 80퍼밀의 급경사를 점착식 구동으로 안전하게 달리기 위해 네 종류의 브레이크를 장착했다.

5-11 스위치백과 루프선

고도차가 큰 지역에서는 최단 경로를 가려고 하면 경사가 가파르지만 우회하면 경사가 완만해집니다. 이러한 선로의 형태(선형)를 고려하여 경사를 완만하게 하는 설비로 **스위치백**switchback과 **루프**loop**선**이 있습니다.

스위치백은 **차량이 진행 방향을 반대로 바꾸어 지그재그로 진행하는 선로**를 말합니다. 아소산阿蘇山 기슭을 달리는 JR 호히豊肥 본선의 3단 스위치백이 대표적인 예로, 열차가 두 차례 방향을 전환하여 급경사를 오르고 내립니다. 또 급경사 도중에 수평 선로를 분기시켜서 차량의 출발을 쉽게 한 스위치백 역도 있습니다. 예를 들면, JR 도산土讃선의 급경사 구간인 쓰보지리坪尻 역과 신가이新改 역에는 정차하는 보통 열차만 플랫폼이 있는 분기선으로 들어가고, 정차하지 않는 특별 열차는 분기선에 들어가지 않고 통과합니다. 스위치백은 예전에는 지금보다 많은 곳에서 볼 수 있었지만, 방향 전환의 수고를 덜기 위해서 선형을 개량하여 폐지했기 때문에 스위치백의 수도 줄었습니다. 또한 도부노다東武野田선의 가시와柏駅 역처럼 경사를 완만하게 하기 위한 목적이 아닌 평탄한 길의 스위치백 역도 있습니다.

루프선은 **선로를 나선 모양으로 만들어서 경사를 완만하게 만든 선로**입니다. 스위치백처럼 정차하여 방향 전환을 할 필요가 없는 것이 큰 장점이지만 스위치백보다 설비 규모가 커서 건설 비용이 많이 듭니다. JR 히사쓰肥薩선의 오코바大畑 역은 스위치백과 루프선 양쪽 모두가 있는 특이한 역입니다.

한편 다른 목적으로 설치된 루프선도 있습니다. 예를 들면, 사이타마埼玉 신도시 교통의 종점인 오미야大宮 역에는 열차의 진행 방향을 반대로 바꾸기 위한 루프선이 있습니다.

고저 차이를 극복하기 위한 설비

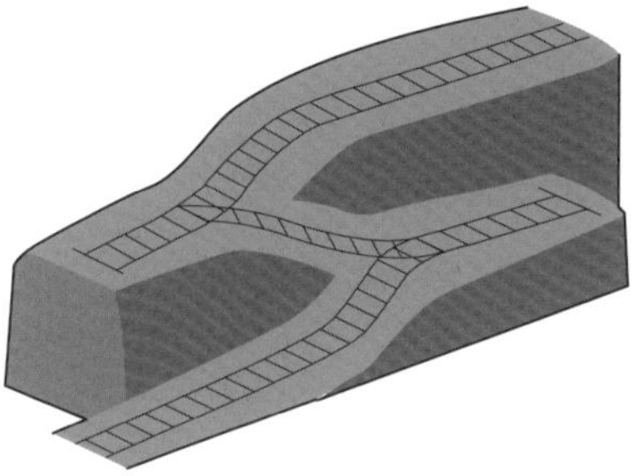

스위치백(3단)
선로가 지그재그로 되어 있어서 열차가 두 차례 방향 전환을 하여 경사를 통과한다.

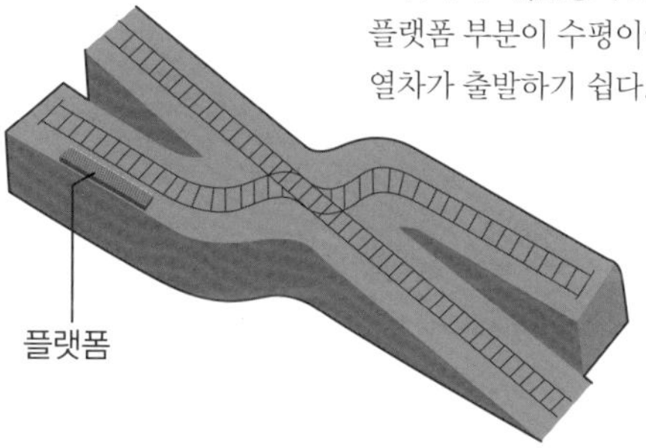

스위치백 역(급경사 도중)
플랫폼 부분이 수평이어서 열차가 출발하기 쉽다.

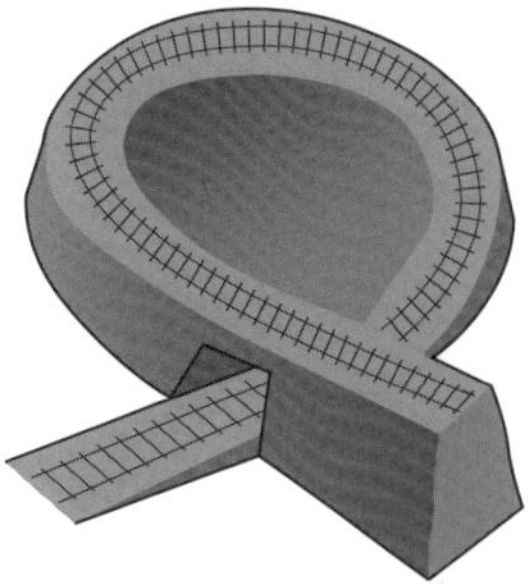

루프선
선로를 나선 모양으로 하여 경사를 완만하게 했기 때문에 열차가 통과하기 쉽다.

스위치백 역(JR 도산선의 쓰보지리 역)

시코쿠(四国) 산지의 급경사 구간에 있는 역이다. 특급 열차는 본선을 직진해 가지만 보통 열차는 플랫폼이 있는 분기선으로 들어간다. 사진을 보면 분기선이 수평이고 본선이 오르막 경사로 이루어진 것을 알 수 있다.

5-12 랙식 철도

산악의 철도 중에는 랙식 철도rack railway를 채용하는 곳이 있습니다. 랙식 철도란 선로의 중앙에 부설한 톱 모양의 랙 레일과 차량 쪽 톱니바퀴를 맞물리게 하여 구동하는 방식입니다. 레일과 바퀴 사이의 마찰을 사용하지 않고 구동하기 때문에 점착식 구동으로는 주행이 불가능한 가파른 경사도 주행이 가능합니다.

랙식 철도에는 랙 레일의 모양이나 톱니바퀴와의 맞물린 방식이 다른 로허Locher식, 스트루브Strub식, 아프트Abt식, 리겐바흐Riggenbach식 등이 있습니다. 일본에서 사용되는 아프트식은 커브에서도 톱니가 맞물릴 수 있도록 톱니의 위치가 겹치지 않고 서로 어긋나 있게 하여 2~3개의 랙 레일을 부설합니다.

현재 일본에서 랙식 철도를 채용하는 곳은 유람 철도를 제외하면 오이가와大井川 철도 이카와井川선뿐입니다. 이카와선은 원래 전 구간이 점착식 구동의 철도였지만 일부 구간이 댐 건설로 인해 수몰되었습니다. 1990년에 노선을 변경한 결과, 아프트이치시로~나가시마댐 구간에 최대 90퍼밀인 급경사 구간이 생겨서 이곳만 전용 기관차가 견인하는 랙식(아프트식) 철도가 되었습니다.

앞에서 이야기한 JR 신에츠信越 본선의 요코가와~가루이자와 구간은 1963년까지 랙식(아프트식) 철도였으며, 열차의 표고가 낮은 요코가와 쪽에 아프트식 기관차를 연결했었습니다. 하지만 시속 15km 이하라는 느린 운전 속도가 문제가 되어 아프트식을 폐지하고 점착식 구동이 되었습니다.

산악 국가로서 잘 알려진 스위스에는 랙식 철도가 많이 있습니다. 그중 하나인 필라투스Pilatus 철도에는 랙식 철도로는 세계 최대 경사인 480퍼밀 구간이 있습니다.

랙식 철도의 종류

로허식

스트루브식

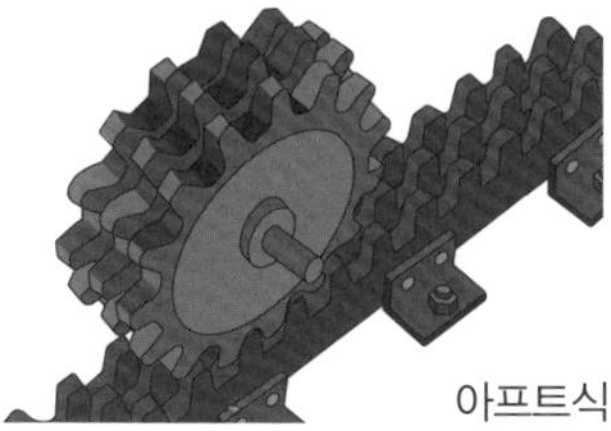

아프트식

리겐바흐식

그림 출처: Homepage of Andrea Lohmüller + Friedrich A. Lohmüller 「3D-Animations A Gallery of Raytraced Animations by Friedrich A. Lohmueller」 http://www.f-lohmueller.de/pov_anim/ani_4000d.htm

일본의 아프트식 철도

오이가와 철도 이카와선의 아프트이치시로~나가시마 댐 구간은 현재 일본에서 유일한 아프트식 철도이다. 이 구간만 전용 전기 기관차(사진)를 열차에 연결한다.

5-13 케이블카와 로프웨이

산악 지대에는 랙식 철도 외에도 도시에서는 볼 수 없는 특수한 철도가 있습니다. **케이블카**cable car와 **로프웨이**rope way, **리프트**lift가 대표적인 예입니다.

케이블카는 차량을 케이블로 추진하는 철도로, 교주식과 순환식이 있습니다. 교주식은 2개의 차량을 케이블로 연결하여 우물의 두레박처럼 교대로 오르내리는 방식으로, 일본에서 운행하는 케이블카는 모두 교주식입니다(2013년 기준). **점착식 구동이 대응할 수 없는 급경사 구간을 2개의 차량이 교차하는 구조**입니다.

순환식은 움직이는 둥근 모양의 케이블을 붙잡아서 차량을 추진시키는 방식입니다. 평지에서도 사용할 수 있어서 미국 샌프란시스코의 케이블카 등에서 채용하고 있습니다. 케이블카의 경사를 보면 일본은 다카오高尾 등산 전철의 608퍼밀이 최대이지만, 미국에는 세계 최대인 727퍼밀의 케이블카가 있습니다.

로프웨이나 리프트는 공중에 로프를 설치하여 사람이나 물건을 실은 차량을 운반하며, 산악부의 관광지 및 스키장 등 선로를 설치할 수 없는 곳에서 사용됩니다. 철도의 부류에 넣지 않기도 하지만, 현재 일본에서는 **여객용의 로프웨이나 리프트를 철도 사업법에 근거하여 운영**합니다.

특수한 예로 스카이 레일이 있습니다. 일본이 개발한 교통 시스템으로 차량이 로프 혹은 리니어 모터로 구동합니다. 현수식 모노레일처럼 레일에 차량이 매달려 있기 때문에, 로프에 운반 차량이 매달려 있는 로프웨이보다 강풍의 영향을 덜 받는 장점이 있습니다. 히로시마의 '스카이 레일 서비스'가 운행 중입니다.

케이블카

차량을 케이블로 추진한다. 현재 일본의 케이블카는 모두 단선 교주식으로, 중간에서 차량이 교차하는 구조이다. 사진은 다카오 등산 전철의 케이블카.

로프웨이

공중에 로프를 설치하여 운반 차량을 매달아 여객이나 화물을 수송한다. 관광지에서 자주 볼 수 있다. 사진은 쓰쿠바(筑波) 관광 철도 로프웨이.

COLUMN 전용 도로를 달리는 버스 'BRT'

새로운 교통 시스템으로 LRT와 더불어 BRT라는 이름을 자주 듣게 되었습니다. BRT란 Bus Rapid Transit의 약자로 일본에서는 '버스 고속 수송 시스템'이라고 합니다. 버스 전용 도로를 달리므로 도로 정체의 영향을 받지 않으며, 해외에서는 주로 도시 교통 수단으로 이용되고 있습니다.

일본의 BRT로는 나고야의 기간 버스 및 가이드웨이 버스 등이 있으며, 가고시마(鹿児島) 철도의 폐선로를 전용 도로로 이용하는 '가시데츠 버스'가 있습니다. 산리쿠(三陸) 연안을 달리는 JR 게센누마(気仙沼)선 및 JR 오후나토(大船渡)선에서도, 동일본 대지진 재해로 쓰나미의 피해를 입은 일부 구간에서 철도가 복구될 때까지 BRT를 도입할 계획에 있습니다(BRT로 대체 후 현재 운행 중–역주). 이외에도 긴테쓰(近鉄) 우츠베(内部)선처럼 이용자가 줄어서 BRT로 전환하는 방안을 검토 중인 철도도 있습니다.

사진은 폐지된 가고시마 철도의 대체 버스 '가시데츠 버스'이다. 정체가 심한 도로를 피해서 폐선로를 이용한 버스 전용 도로를 달린다. 이 버스 전용 도로는 이바라키(茨城) 공항으로 향하는 버스도 이용한다.

6장

선로의 구조와 종류

철도의 차량은 선로가 없으면 달릴 수 없습니다.

6장에서는 다양한 선로의 구조와 종류,

점검과 정비 방법에 대해서 살펴보겠습니다.

6-01 자갈이 있는 궤도와 없는 궤도

철도에서는 열차가 다니는 통로를 '선로'라고 하며, 노반이라고 부르는 토대 위에 있는 레일이나 침목 등을 합쳐서 '궤도'라고 합니다. 궤도의 구조에는 여러 종류가 있는데, 그중 '밸러스트ballast(철도의 자갈)'를 깐 '밸러스트 도상' 위에 침목을 설치한 '벨러스트 궤도'가 있습니다. 밸러스트는 차량이 통과할 때 생기는 충격을 흡수하는 쿠션 역할과 더불어 소리를 흡수하는 흡음재의 역할을 합니다. 이외에도 궤도 안의 물을 잘 빠지게 하고 잡초가 생기는 것도 막아줍니다. 또 밸러스트는 쉽게 구할 수 있는 재료여서 밸러스트 궤도는 철도에서 오래전부터 사용되어 왔습니다.

그런데 밸러스트 궤도의 침목은 확실하게 고정이 안 되어 있어서, 차량 통행이 잦아지면 침목의 위치가 틀어지고 레일이 휘어 버리기 때문에 안전하고 안정된 차량 운행이 어려워집니다. 그래서 정기적으로 보선 작업을 해서 침목과 레일의 위치를 바로잡아 주어야 합니다. 또 밸러스트는 장기간 사용하면 모서리가 깎여서 둥근 모양이 되어 쿠션 역할을 못하게 되므로 정기적으로 교환해야 합니다. 이러한 보수 작업은 손이 많이 가기 때문에 일부에서는 밸러스트를 사용하지 않고 '생력화 궤도manpower saving track, 유지 보수를 절감할 수 있는 구조로 된 궤도의 총칭 - 역주'를 사용합니다. 그 대표적인 예가 '슬래브slab 궤도'입니다.

슬래브 궤도는 '궤도 슬래브'라는 콘크리트 판에 레일을 고정하기 때문에 레일 위치가 틀어지기 어려운 구조입니다. 일본에서는 도카이도 신칸센을 제외한 신칸센 및 1970년대 이후에 개업한 철도의 일부에서 사용하고 있습니다. 선로 보수 작업량은 줄었지만 소리의 반향을 막기 위해 슬래브 궤도 위에 알갱이가 작은 밸러스트를 깔기도 합니다.

밸러스트 궤도와 슬래브 궤도

밸러스트(자갈)가 깔린 밸러스트 궤도(왼쪽)와 깔려 있지 않은 슬래브 궤도(오른쪽). 슬래브 궤도에는 콘크리트 판(궤도 슬래브)에 레일이 고정되어 있다. 사진은 산요 신칸센의 미하라(三原) 역이다.

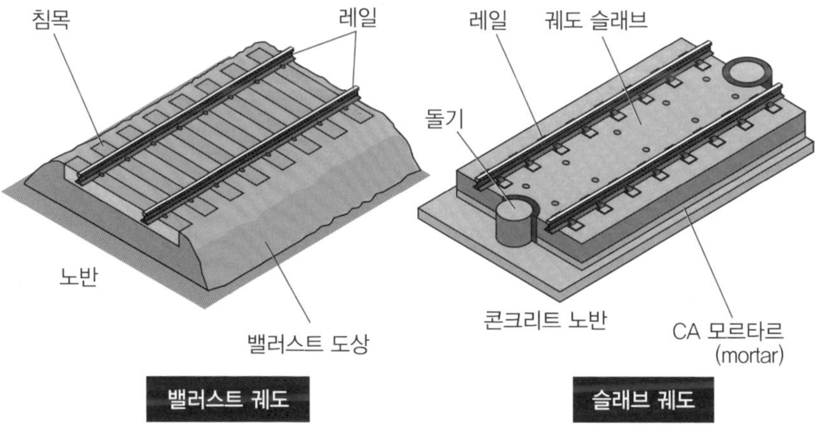

밸러스트 궤도는 장기간 사용하면 침목의 위치가 틀어지기 때문에 정기적인 보수 작업이 필요하다. 반면 슬래브 궤도는 레일 위치가 틀어지기 어려운 구조이므로 유지와 보수가 쉽다.

6-02 레일의 무게와 단면

레일에는 다양한 종류가 있으며 두께(1m당 레일의 무게)로 분류하기도 합니다. 일반적인 간선에는 두껍고 튼튼한 레일을 사용하며, 일본에서는 1m당 40~60kg의 레일이 주로 사용됩니다. 재래선의 지선支線에는 40kg, 재래선의 간선에는 50kg, 신칸센에는 60kg의 레일이 사용되는데, 이처럼 선로의 규격에 맞추어 두께가 다른 레일을 구분하여 사용합니다.

레일의 단면 형태에도 여러 종류가 있습니다. 일반적인 레일 단먼은 'I' 모양의 독특한 형태입니다. 건물 등에서 사용되는 단면이 'H' 글자 모양인 'H 형강'을 개량한 것으로, 적은 재료로 높은 강도를 낼 수 있는 장점이 있습니다.

일반적인 레일은 레일이 좌우로 기우는 것을 방지하기 위해 침목과 접촉하는 부분(바닥 부분)의 폭이 바퀴와 접하는 부분(머리 부분)보다 넓습니다. 또 머리 부분은 닳기 쉬우므로 바닥면보다 두껍습니다.

일본 최초의 철도에서 사용된 레일은 쌍두 레일이며, 지금의 레일과 단면의 형태가 달랐습니다. 레일을 오랫동안 사용할 수 있도록 머리 부분을 2개로 만들어서, 한쪽 머리 부분이 닳으면 위아래를 바꾸어 다른 한쪽의 머리 부분을 사용할 수 있게 했습니다. 현재 일본에서는 사용되고 있지 않지만 복원된 구 신바시新橋 정차장에서 실물을 볼 수 있습니다.

노면 전차의 겸용 구간(노면 구간)에서는 단면의 형태가 특수한 레일도 사용되고 있습니다. 바닥 부분의 형태는 일반적인 레일과 같지만 머리 부분에 차바퀴의 플랜지가 들어간 凹 모양이 있습니다.

레일의 단면

일반적인 레일　　노면 구간의 레일　　H 형강

일반적인 레일은 H 형강을 개량한 단면으로 이루어져 있다. 노면 구간(겸용 궤도)에서는 차바퀴의 플랜지가 들어가는 凹 모양의 특수한 단면의 레일도 사용된다. 사진은 게이한(京阪) 하마오츠(浜大津) 역 부근.

쌍두 레일

같은 형태의 머리 부분이 두 개 있어서 한쪽이 닳으면 위아래를 바꾸어서 사용할 수 있다. 일본 최초의 철도(신바시(新橋)~요코하마(横浜) 구간)에서 사용했다. 현재는 복원된 구 신바시 정차장에서 볼 수 있다.

6-03 궤간의 종류

철도에는 다양한 규격이 있는데, 그중 하나가 궤간(게이지)gauge입니다. 좌우 레일의 간격을 말하며 엄밀하게는 레일의 머리 안쪽 사이의 최단 거리를 가리킵니다.

예를 들어, JR 재래선의 궤간은 1,067mm(3피트 6인치)입니다. 궤간은 기본적으로 피트, 인치 단위로 정하고 있어서 mm 단위로 환산하면 소수점 이하를 반올림한 수치가 됩니다. 단, 동남아시아 등에서 사용되는 미터 게이지(1,000mm)처럼 mm(m) 단위로 정한 게이지도 있습니다. 독일에서는 나치 독일 시대에 궤간이 3,000mm인 철도를 도입하여 수송력을 증강할 계획이 있었지만 실현되지 못했습니다.

궤간에는 여러 가지 종류가 있지만 세계 표준으로 정한 것이 표준궤(1,435mm, 4피트 8.5인치)입니다. 이렇게 정한 이유에 대해서는 여러 가지 설이 있는데, 마차의 바퀴 간격을 참고로 정했다는 설이 유력합니다. 현재는 세계의 약 60%에 달하는 철도가 표준궤를 채용하고 있으며 일본의 신칸센도 표준궤를 채용하고 있습니다. 표준궤보다 넓은 궤간을 광궤, 좁은 궤간을 협궤라고 합니다.

궤간이 서로 다른 철도에서 직통 운전하는 예도 있습니다. 하코네 등산 철도 등에서는 레일을 3개 가설한 삼선궤三線軌라고 부르는 구간이 있으며, 궤간이 다른 두 종류의 차량이 달릴 수 있게 되어 있습니다. 광궤를 채용한 러시아와 스페인의 차량은 표준궤의 철도에 들어갈 때 대차를 교환합니다. 스페인은 4장 4-06에서 소개했듯이 차바퀴 간격을 바꿀 수 있는 대차(궤간 가변 대차)를 설치한 객차와 전차를 개발하여 광궤와 표준궤의 직통 열차에 도입하고 있습니다.

궤간의 종류

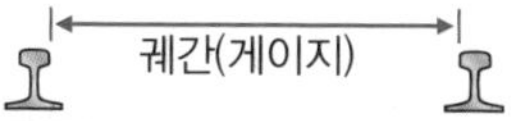

	미터법	야드 · 파운드계	명칭	현재 사용하는 노선 · 국가
광궤	2,140mm	7ft 1/4in		(해외) 영국의 일부 노선
	1,676mm	5ft 6in	인도 궤간	(해외) 인도, 파키스탄 등
	1,668mm	5ft 5·2/3in	이베리아 궤간	(해외) 스페인, 포르투갈 등
	1,524mm (1,520mm)	5ft (4ft 11·5/6in)	러시아 궤간	(해외) 러시아, 폴란드, 몽골 등
표준궤	1,435mm	4ft 8.5in	표준 궤간 (표준궤)	(해외) 영국, 미국 등을 중심으로 채용하는 국가가 많다. (일본) JR 신칸센 외, 관서(오사카 중심) 지역의 사철에 많다.
협궤	1,372mm	4ft 6in	스코틀랜드 궤간	(해외) 스코틀랜드 (일본) 게이오선, 도덴 아라카와선, 도큐 세다가야선 등
	1,067mm	3ft 6in	케이프 궤간	(해외) 대만, 필리핀, 인도네시아 등 (일본) JR 재래선 외, 관동(도쿄 중심) 지역의 사철에 많다.
	1,000mm		미터 궤간	(해외) 동남아시아, 유럽, 아프리카 등 일부 (일본) 하코네 등산 철도 케이블카(1995년까지)
	762mm	2ft 6in		(해외) 경편 철도 · 삼림 철도 (일본) 긴테쓰 우츠베 · 하치오지선, 산기 철도 호쿠세이선 , 구로베 계곡 철도

※ ft: 피트, in: 인치

삼선궤

레일을 3개 개설한 궤도로 궤간이 다른 두 종류의 차량이 통과할 수 있다. 사진은 하코네 등산 철도의 가자마쓰리(風祭) 역으로, 오다큐(小田急)의 전차(협궤)와 하코네 등산 철도의 전차(표준궤)가 같은 궤도를 달린다.

6-04 궤도를 전환하는 분기기

철도에는 차량의 진로가 레일에 따라서 엄밀하게 정해져 있어서 자동차처럼 진로를 자유롭게 선택할 수 없지만, 궤도를 전환하는 **분기기(포인트)**point를 설치하면 진로 패턴을 늘릴 수 있습니다.

분기기에 의해 궤도의 분기점이 생기면 궤도와 궤도를 연결하는 다리와 같은 궤도도 만들 수 있습니다. 이처럼 분기기는 철도의 네트워크를 구축하는 데 있어서 매우 중요한 역할을 합니다.

분기기의 구조에는 다양한 종류가 있습니다. '**편개 분기기**single turnout'가 많이 사용되며, '다이아몬드 크로싱diamond crossing' 등의 '**특수 분기기**'도 있습니다. '시저스 크로싱scissors crossing'은 4개의 편개 분기기와 1개의 다이아몬드 크로싱을 조합한 것으로 복선의 선로에서 진로 방향을 반대로 바꾸어 운전하는 역에서 주로 사용됩니다.

분기기의 크기는 **번수**로 나타냅니다. 재래선에서는 10번(길이 약 25m), 신칸센에서는 18번(길이 약 71m) 분기기가 자주 사용됩니다. 이것은 좌우로 1m 분기하는 데 각각 10m, 18m 진행하는 것을 의미하며, **값이 클수록 분기기가 길고 커집니다.**

일본 최대의 분기기는 38번(길이 약 135m)입니다. 다카사키高崎 역 근처의 조에쓰上越·호쿠리쿠北陸 신칸센의 분기점(하행선)과 나리타 스카이액세스의 두 곳에서 사용하고 있으며, 이곳을 시속 160km로 통과할 수 있습니다.

프랑스의 TGV에는 더욱 큰 65번(길이 약 208m)이 사용되고 있습니다. 일본에는 역 주변의 인구 밀도가 높고 땅값이 비싸기 때문에, 장소를 많이 차지하는 분기기를 사용하는 것이 어려운 것 같습니다.

분기기의 주요 종류

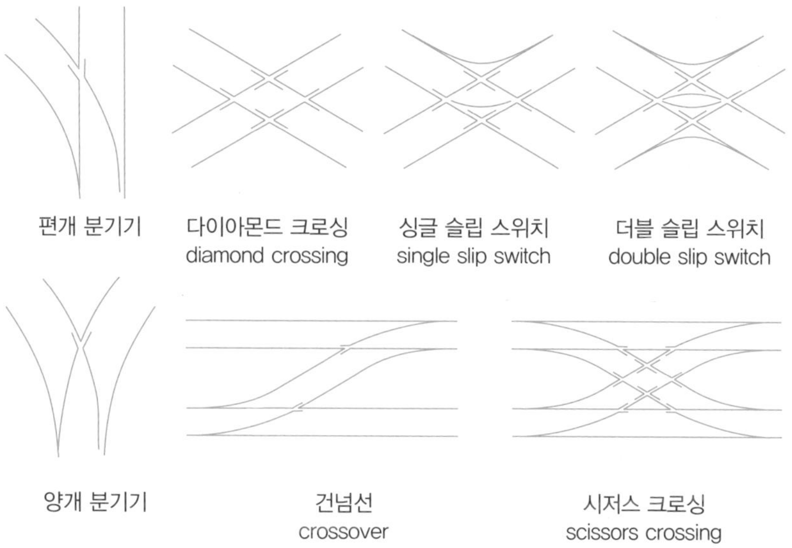

시저스 크로싱

4개의 분기기와 1개의 크로싱(교차 부분)으로 구성되어 있으며 차량이 두 선 사이를 왔다 갔다 할 수 있다. 복선 노선의 종점 역이나 여러 노선이 접속하는 역 등에 있다.

6-05 롱 레일과 신축 이음매

과거에는 전차 소리를 '철컹 철컹' 하고 나타냈지만 지금은 이런 소리를 선로에서 듣기는 어렵습니다. 롱 레일과 신축 이음매가 보급되었기 때문입니다. 레일은 너무 길면 운반하기 어려우므로 제철소에서 선로로 운반할 때 대략 25m 간격으로 자릅니다. 선로에 설치할 때는 레일을 서로 이어주는데, 이때 레일을 꼭 붙여서 연결할 수 없습니다. 왜냐하면 레일은 온도에 따라서 늘어나고 줄어드는데, 여름에 기온이 올라가면 늘어난 레일끼리 서로 밀고 휘어져서 차량이 통과할 수 없기 때문입니다.

예전에는 레일의 이음매에 틈을 만들어 늘어난 레일끼리 서로 밀지 않게 했습니다. 이 틈 때문에 레일 표면에 凸凹가 생겨서 바퀴가 지날 때마다 '철컹'거리는 소리가 났던 것입니다. 이 소리는 선로 인근 주민들에게 소음 공해가 되었고, 레일의 凸凹를 바퀴가 지나갈 때마다 침목 등이 충격을 받아서 궤도가 자주 손상을 입는 문제가 발생했습니다.

그래서 소음과 충격의 원인이 되는 이음매를 없애기 위해 레일의 이음매를 용접해서 연결한 롱 레일과 롱 레일의 신축성에 대응할 수 있는 신축 이음매가 사용되었습니다. 신축 이음매는 레일의 연결 부분이 사선으로 되어 있어서 바퀴가 굴러가는 레일이 천천히 바뀌므로 소음과 충격이 발생하기 어렵습니다.

롱 레일과 신축 이음매는 처음에는 신칸센에서 사용되었습니다. 그러나 지금은 재래선 등에도 널리 보급되어 통근 전차에서도 조용히 달릴 수 있게 되었고 승차감도 좋아졌습니다.

기존의 이음매

레일 사이를 이음 판으로 연결했다. 온도 상승으로 인해 늘어난 레일이 서로 미는 것을 방지하기 위해 레일 사이에 틈이 벌어져 있다. 이 틈 위를 바퀴가 지나가면 '철컹' 소리가 난다.

신축 이음매

온도에 따라 크게 신축하는 롱 레일의 이음매. 레일을 잇는 부분이 사선으로 되어 있어서 바퀴가 굴러가는 레일이 천천히 바뀐다. 바퀴가 통과할 때의 소음과 충격이 작다.

6-06 단선 · 복선 · 복복선

선로 궤도의 개수는 구간에 따라 다르며 많을수록 운전하는 열차의 대수를 늘릴 수 있습니다. 때문에 수송력이 요구되는 간선이나 대도시의 선로에는 궤도의 개수가 많습니다. 선로는 궤도의 개수에 따라 궤도가 1개이면 단선, 2개이면 복선, 3개이면 복단선이라고 합니다. 복선은 2차선 도로처럼 2개의 궤도를 진행 방향별로 나누어 사용하는 것이 일반적입니다.

도로에는 차선이 홀수인 3차선 혹은 5차선의 도로가 있으며 시간대에 따라 변하는 교통량에 맞추어 중앙 분리대의 위치를 바꾸기도 합니다. 해외의 철도에는 궤도의 개수가 홀수인 선로가 있고, 일부 궤도를 쌍방향으로 부설하는 경우도 있습니다. 반면, 일본의 철도는 열차의 운전 대수가 많고 운전 방법이 복잡하기 때문에 **대도시 등에서는 궤도의 수를 짝수로 해서 늘리는 것이 일반적입니다.**

예를 들어 도쿄나 오사카 등의 대도시에는 궤도가 **4개인 복복선**으로 만든 구간이 있으며, 열차의 종류나 노선에 따라서 궤도를 2개씩 나누어 사용하는 경우도 많습니다. 한큐阪急 전철의 우메다梅田 역 부근에는 3개의 노선(교토京都선 · 다카라즈카宝塚선 · 고베神戸선)의 복선 선로가 병행하기 때문에 궤도가 **6개인 복복선** 구간으로 이루어져 있습니다. 도쿄의 간다神田 역 부근은 4개 노선(야마노테山手선 · 게이힌도호쿠京浜東北선 · 추오中央선 · 도호쿠東北 신칸센)의 궤도가 병행하는 **4복선**의 구간인데, 공사 중인 도호쿠 종관선이 생기면우에노도쿄라인으로 2015년 개통 - 역주 궤도가 10개인 **5복선**이 됩니다. 도쿄의 닛포리 역 부근에는 6개 노선 14개의 궤도가 줄지어 있습니다. 모든 궤도가 병행하는 부분이 없기 때문에 7개 복선이라고는 말하기 어렵지만, 다양한 노선의 열차를 한 번에 볼 수 있는 드문 장소입니다.

단선

궤도가 1개인 선로. 역이나 신호 장소 이외에는 열차가 엇갈려 지나갈 수 없다. 열차의 운전 대수가 적은 지방선 등에서 볼 수 있다.

복선

궤도가 2개인 선로. 열차의 운전 대수가 많은 간선 등에서 볼 수 있다. 방향별로 나누어 사용할 경우에 일본이나 영국처럼 좌측통행을 하는 나라도 있지만, 독일이나 미국처럼 우측통행을 하는 나라도 있다.

여러 개의 궤도가 늘어선 구간(닛포리 주변)

6개 노선(도호쿠 신칸센·JR 재래선·게이세이) 14개의 궤도가 줄지어 있는 보기 드문 장소이다. 사진처럼 여러 대의 열차가 동시에 통과할 때도 있다.

6-07 전차에 전기를 공급하는 설비

철도는 차량에 전기를 공급하는 전력 공급 설비를 갖춘 **전화電化 구간**과 갖추지 않은 **비전화非電化 구간**이 있습니다. 전차 및 전기 기관차는 전화 구간에서만 달릴 수 있습니다. 여기서 말하는 전력 공급 설비는 궤도 바로 위에 설치된 가선뿐만 아니라 가선을 묶는 가선 기둥, 가선에 전기를 보내는 변전소 등의 많은 설비가 포함되어 있기 때문에, 이를 모두 갖추어 비전화 구간을 전화 구간으로 만들려면 상당한 비용이 듭니다. 물론 공사 후에도 전력 공급 설비를 유지하는 비용이 듭니다. 때문에 **기본적으로 수송 수요가 높은 구간이 아니면 전화 구간으로서 채산이 맞지 않습니다.**

철도에서 소비하는 전기는 발전소에서 공급합니다. 전기는 전압이 높을수록 효율적으로 보낼 수 있으므로 발전소에서는 27.5~50만V의 높은 전압의 전기를 보내지만, 변전소를 거치면서 단계적으로 전압을 낮춥니다. 철도 사업자(철도 회사)가 보유하는 철도 변전소에서는 전압을 더 내리거나 전기의 종류를 바꾸어 선로에 보냅니다. 전기는 선로의 **배전선**이라 부르는 전선을 통해서 **가선** 및 **제3레일third rail**로 보냅니다. 차량은 여기에 **집전장치(팬터그래프, 집전슈)**를 접촉시켜서 전기를 받습니다.

일본의 철도 사업자(철도 회사)는 사용하는 모든 전기를 기본적으로 전력 회사로부터 구입하지만, JR 히가시니혼만 화력 발전소와 수력 발전소를 가지고 있어서 수도권에서 사용하는 전기의 일부를 마련하고 있습니다. 동일본 대재해(2011년 3월) 직후에는 발전소가 재해를 입어서 많은 전력 회사의 관할 지역이 전력 부족 현상을 보였으나, JR 히가시니혼은 일시적으로 열차 대수를 줄여서 도쿄 전력 관할 지역에 전기를 공급했습니다.

발전소에서 공급하는 전기의 흐름

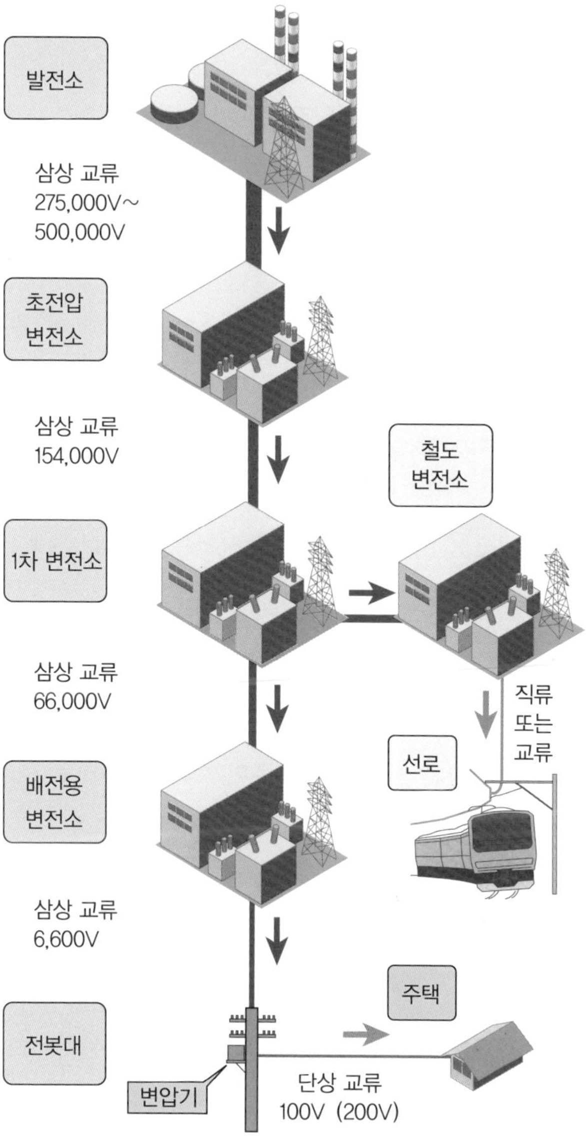

참고 자료: '전기가 다니는 길', 전기 전력 사전, 도쿄 전력 웹 사이트

6-08 직류 전화와 교류 전화

전기는 크게 직류와 교류로 나뉘며, 직류와 교류로 각각 전화하는 것을 직류 전화, 교류 전화라고 합니다. 현재의 JR 재래선에는 직류 1,500V, 교류 20,000V · 50Hz, 교류 20,000V · 60Hz 세 종류의 전기로 전화되어 있는데, 교류 전화가 두 종류인 것은 전력 회사가 공급하는 전기의 주파수가 히가시니혼(동일본)이 50Hz, 니시니혼(서일본)이 60Hz로 되어 있기 때문입니다. 또 미니 신칸센을 제외한 신칸센은 교류 25,000V·50Hz, 교류 25,000V · 60Hz 두 종류의 전기로 전화되어 있습니다.

JR의 전신인 국철은 처음에는 재래선에서 직류 전화만 채용했지만 1950년대 이후부터 교류 전화도 채용했습니다. 높은 전압의 교류 전기를 보내는 교류 전화는 일본보다 프랑스에서 먼저 실용화되었습니다. 이러한 전화 방식은 전압을 낮추는 변압기를 전차나 전기 기관차에 실어야 해서 차량 비용이 직류 전화보다 비싸지만, 송전 효율이 높기 때문에 변전소의 수가 줄어 설비 비용이 절감됩니다. 전체적으로 보면 설비 비용 쪽이 비율이 높아서 교류 전화를 도입하면 전화에 들어가는 비용도 절약된다고 생각했습니다. 그런데 주파수가 다른 두 종류의 교류 전화의 도입으로 문제가 복잡해졌습니다. 재래선에 세 종류의 전화(전기) 방식이 흩어져 있어서 전화 방식의 경계가 전국에 생겨 열차의 직통 운전에 장애를 가져오게 된 것입니다.

교류 전화의 도입에는 찬반양론이 있습니다. 우선 직류와 교류, 양쪽에 대응한 값비싼 교직류 전차 및 교직류 전기 기관차가 증가하여 기대한 만큼 비용이 절감되지 않았다는 비판적인 의견입니다. 하지만 교류 전화는 신칸센에 활용되어 신흥국에 전기 기관차 등을 판매하는 좋은 기회를 만들었다는 긍정적인 의견도 있습니다.

전화 방식의 분포

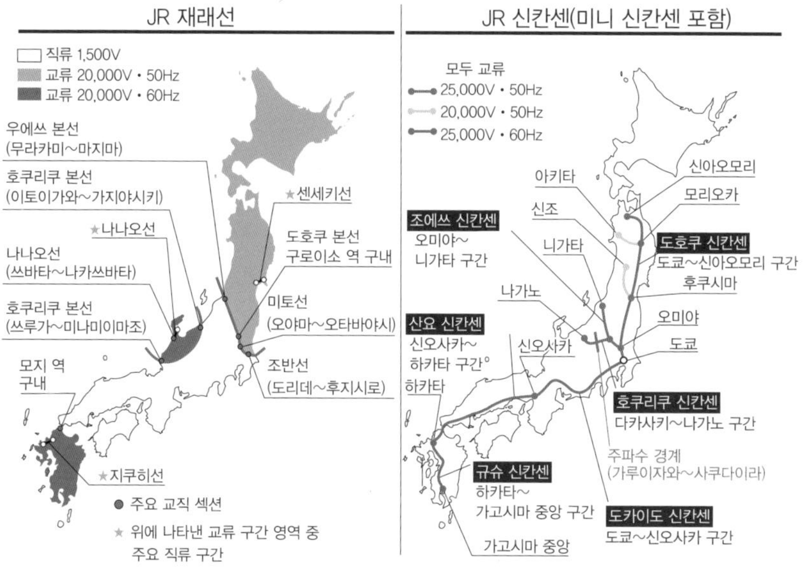

전국을 달리는 특급형 전차(485형)

세 종류의 전화 방식에 대응한 교직류 전차. 직류 전차보다 비용이 비싸지만 특급망을 확대하기 위해 국철 시대에 대량 생산되었다. 현재는 신형 전차로 바뀌어 차량 수가 줄었다.

6-09 선로의 평면 교차와 입체 교차

도로에는 사거리에서 평면 교차하는 교차점이 많이 있지만, 철도에는 2개 노선의 선로가 사거리에서 평면 교차하는 곳이 별로 없으며 입체 교차가 일반적입니다. 단 열차의 운전 대수가 적어서 입체 교차의 이점이 적은 장소나 노면 전차에는 선로가 평면 교차하는 곳이 있습니다. 과거에는 일본에도 여러 곳에서 볼 수 있었지만 현재는 도사土佐 전기 철도의 하리마야바시 역 등 몇 곳밖에 남지 않았습니다.

일본에서 보기 드물게 두 철도 노선이 평면 교차하는 곳은 이요 철도의 오테마치大手町 역 부근입니다. 여기서는 일반 철도(다카하마高浜선)와 노면 전차(오테마치大手町선)의 선로가 평면으로 교차하고 있으며 도로의 건널목도 됩니다. 일반 철도에 전차가 다닐 때는 건널목의 차단기가 내려가고 도로의 자동차나 노면 전차가 그 앞에서 정지합니다.

철도에서 입체 교차는 기본적으로 새로운 철도가 지상 위로 다닐 때가 많습니다. 새 철도는 건널목을 없애기 위해 고가 다리를 주로 사용하기 때문에 지상을 달리는 구 철도 위를 다닐 때가 많습니다. 하지만 정반대의 경우도 있습니다. 호쿠리쿠 신칸센의 사쿠다이라佐久平 역에는 호쿠리쿠 신칸센이 지상을 달리고 그 위의 고가 다리를 단선의 재래선(JR 고우미선)이 다닙니다. JR 고우미선을 위로 다니게 하는 편이 전체적인 건설 비용을 줄일 수 있어서입니다.

도시의 지하에는 지하철의 입체 교차가 상당히 많습니다. 기본적으로 오래된 노선이 얕은 지하로, 새 노선일수록 깊은 지하로 다닙니다. 역이 지하로 너무 깊이 내려가면 이용이 불편하므로 도쿄의 부도심선과 신주쿠新宿선의 입체 교차처럼 새 노선이 구 노선 위를 달리는 경우도 있습니다.

선로의 평면 교차(이요 철도의 오테마치 역 부근)

일본에서 유일하게 일반 철도(다카하마선)와 노면 전차(오테마치선)의 궤도가 평면 교차하는 장소. 다카하마선의 전차가 통과할 때는 오테마치선의 노면 전차가 건널목 앞에서 정차한다.

노선의 입체 교차(도쿄 시나가와 역 부근)

JR 재래선(왼쪽 아래)과 도카이도 신칸센의 위를 게이힌 큐코(京浜急行) 전철이 지난다. 사진 오른쪽 안쪽으로는 도카이도 신칸센의 터널이 있으며, 게이힌 큐코 전철의 아래를 지난다. 대도시권에는 이러한 복잡한 입체 교차가 많이 있다.

6-10 도로와의 평면 교차와 입체 교차

지상에는 많은 도로가 있어서 철도가 다니는 선로와 교차할 수밖에 없습니다. 하지만 모든 도로와 입체 교차를 하면 건설 비용이 너무 많이 들기 때문에 도로와 선로가 평면 교차하는 곳에는 **건널목**을 설치하기도 합니다.

일본의 철도는 인구 밀집지를 주로 다니므로 건널목이 많습니다. 건널목에서는 접촉 사고가 자주 발생하고 도로 정체의 원인이 되기도 하므로, 새로운 철도에는 처음부터 입체 교차를 계획하여 건널목을 만들지 않고 있습니다. 예를 들면 **신칸센(풀 규격) 본선에는 건널목이 한 곳도 없습니다.**

건널목이 있는 오래된 철도에는 건널목을 정리하여 통폐합하거나 부분적으로 입체 교체를 해서 건널목 수를 줄여 왔습니다. 입체 교체를 할 때는 도로가 선로 위 또는 아래를 지나도록 하는 지역도 있지만, 선로의 일부 구간을 고가 다리나 지하로 연결하여 다수의 건널목을 한꺼번에 폐지한 지역도 있습니다. 이것을 **연속 입체 교차 사업**이라고 하며 수도권 등의 도심을 중심으로 진행 중입니다.

이처럼 건널목을 줄이려는 노력에 의해 1961년에 약 7만 곳이나 있었던 건널목이 2009년에는 절반 이하의 3.4만 곳까지 줄었습니다. 하지만 열차의 통과 횟수가 많은 출퇴근 시간에 차단기가 오랫동안 올라가지 않는 이른바 '**열리지 않는 건널목**'은 지금도 많이 남아 있어서 계속 줄여갈 계획입니다.

해외의 철도는 나라마다 다르지만 일본의 철도만큼 건널목이 많지 않습니다. 영국이나 미국에는 재래선을 시속 200km 이상으로 달리는 열차도 있지만 주행하는 구간에는 건널목이 거의 없습니다.

도로와의 평면 교차

교차하는 곳이 건널목으로 되어 있다. 사진은 일본에서 유일한 지하철 건널목이다. 우에노의 차량 기지의 근처에 있으며 도쿄 메트로 긴자선의 전차가 도로를 가로지른다.

도로와의 입체 교차

최근에 개업한 철도에는 건널목을 없애기 위해 대부분 고가 다리를 도입하고 있다. 신칸센의 선로는 모두 도로와 입체 교차하고 있어서 건널목이 없다.

6-11 선로를 점검하고 정비하는 차량

철도의 선로는 점검과 정비가 필요합니다. 선로는 계속된 열차의 운행으로 충격을 받을 뿐만 아니라 날씨의 영향을 직접 받는 시설이기도 해서 정기적으로 점검과 정비를 해야 좋은 상태를 유지할 수 있습니다. 레일이 휘면 승차감이 나빠지고 탈선 사고나 전복 사고의 원인이 되기도 합니다.

선로를 점검하고 정비, 수선하는 일을 보선이라고 합니다. 보선 작업은 기본적으로 영업 열차가 운행하지 않는 심야에 주로 이루어지기 때문에 직접 본 사람은 적겠지만, 철도의 안전을 유지하기 위해 빼놓을 수 없는 작업입니다.

보선 작업에는 다양한 보선용 차량이 사용됩니다. 작업원이 선로 위를 이동하기 위한 차량이나 레일 혹은 침목 등의 자재를 운반하는 차량, 가선 등 높은 곳에 있는 설비를 수리하는 차량, 교량이나 터널 등의 구조물을 수리하기 위한 차량, 그리고 과거에는 수작업이었던 작업을 기계화한 차량 등 많은 종류가 있습니다. 가령 멀티플 타이 탬퍼multiple tie tamper는 레일을 집어 올리거나 밸러스트를 다지는 작업을 기계화한 차량으로, 짧은 시간에 효율적으로 레일이 휜 것을 수정할 수 있습니다. 이러한 보선용 차량은 엔진의 힘으로 움직이기 때문에 가선에 송전이 멈춘 심야에도 선로 위를 달릴 수 있습니다.

보선용 차량의 발달로 보선에 필요한 많은 작업이 기계화되었습니다. 하지만 지금도 사람의 손과 눈에 의존하는 작업이 많기 때문에 많은 사람들이 보선 일을 합니다. 예를 들면 총연장 500km를 넘는 도카이도 신칸센에는 하루 약 2,000명의 작업원이 선로의 점검과 보수에 힘쓰며 열차의 안전을 지키고 있습니다.

멀티플 타이 탬퍼

레일의 위치를 바르게 수정하는 차량이다. 레일을 집어 올려서 좌우로 움직이거나, 침목 아래의 밸러스트를 다지는 일을 한다. 주로 영업 열차가 운행하지 않는 심야에 달린다.

레일 삭정차

레일의 머리 부분을 매끄럽게 깎는 차량이다. 깎아낸 분말이 튀지 않도록 물을 뿌리며, 회전하는 연마기(그라인더)가 레일을 갈면서 움직인다. 사진은 낮 시간에 이루어진 시범 행사이다.

6-12 차량의 점검과 정비가 이루어지는 차고

철도는 선로뿐만 아니라 차량의 점검과 정비도 필요합니다. 자동차에 차량 검사라는 정기 검사가 있는 것처럼 철도의 차량에도 법령에 의해서 의무화된 정기 검사가 있으며 이를 위한 시설이 필요합니다. 일반적으로는 차고라고 하며 JR에서는 이러한 설비를 공장·차량 기지·종합 차량 기지 등으로 부릅니다. 차량 기지 및 종합 차량 기지에는 운행하지 않는 차량을 보관하는 유치 선로가 있습니다.

차량의 정기 검사에는 실시 빈도나 검사 내용에 따라 여러 종류가 있습니다. 검사 명칭과 채용하는 검사의 종류는 철도 사업자에 따라서 다른데, 신칸센 전차의 경우는 실시 빈도가 높은 순서대로 작업 검사·교번 검사·대차 검사·전반 검사와 같이 네 종류가 있습니다. 신칸센의 영업용 차량은 모두 전차이기 때문에 검사의 실시 빈도가 통일되어 있지만 재래선은 차종에 따라서 실시 빈도가 달라집니다. 가장 규모가 큰 것은 전반 검사로 차량을 일일이 분해해서 검사합니다. 이때 차체에 도장 작업도 하기 때문에 외형상 새것처럼 윤이 납니다. 전반 검사를 마친 차량은 시운전을 해서 이상이 없는지 확인하고 영업 열차에 투입됩니다. 차량은 차량 생산지에서 제조된 후 폐차될 때까지 정기 검사를 계속 받으면서 안전하게 달릴 수 있는 상태를 유지합니다.

차고는 기본적으로 철도의 연선에 있지만 지하철의 차고는 연선에 만들기 어려운 경우가 많습니다. 용지 확보가 어려운 도심을 통과하기 때문입니다. 그래서 교외에 차고를 만들어서 도심을 지나는 선로와 연결하거나 도영都営 지하철 오에도大江戸선처럼 공원의 지하에 차고를 둔 경우도 있습니다.

검수 차고(JR 도카이 하마마쓰 공장)

차량 검사를 하는 곳이다. 사진은 신칸센 전차의 대차를 분리하고 차체를 크레인으로 묶는 작업.

유치 선로(JR 니시니혼 하카타 종합 차량소)

영업 운전을 하지 않는 차량을 일시적으로 유치하는 곳이다. 사진은 신칸센 전차가 정차하고 있는 모습.

6-13 자연 재해로부터 선로와 열차를 지키는 설비

선로에는 비·바람·눈·지진·쓰나미와 같은 자연 재해로부터 열차를 지키기 위한 방재 설비가 많이 있습니다. 특히 일본은 매년 태풍이 접근하며 지진이 빈발하는 등 자연 재해가 많기 때문에 철도는 다양한 방재 설비를 갖추고 있습니다. 가령 비는 토사 재해(토사 쌓임, 경사면 붕괴, 낙석, 산사태)나 하천 재해의 원인이 되며, 눈은 눈사태나 시야 불량 등의 원인이 됩니다. 때문에 강우량과 강설량을 파악하기 위해 강우계와 강설계를 연선에 설치하고, 낙석 방지책과 눈사태 방지책을 설치하여 선로를 보호합니다. 특히 계곡을 지나는 노선과 눈이 많이 오는 지역을 다니는 노선에서 이러한 설비를 많이 볼 수 있습니다.

바람은 열차의 탈선 전복 사고의 원인이 되기 때문에 연선에 설치된 풍속계에서 강풍을 관측한 경우에는 열차의 운전이 지연되기도 합니다. 바람에 의해서 자갈이 날리거나 날아온 물건들에 의한 재해 방지를 위해서 연선에 방풍림을 설치한 예도 있지만, 최근에는 바람으로부터 열차를 지키기 위해 방풍책을 설치하는 곳도 늘어나고 있습니다.

지진 대책으로는 지진이 발생했을 때 열차를 정지시키기 위한 지진계 및 조기 지진 방재 시스템의 설치, 그리고 고가 다리 등의 내진화 등이 있습니다. 신칸센에는 최대 지반 운동이 오기 전에 전달되는 지진파(P파)를 감지하면 자동적으로 열차가 감속하여 피해를 최소한으로 줄일 수 있게 했습니다.

쓰나미는 동일본 대재해 당시 태평양 연안의 철도에 막대한 피해를 가져왔습니다. JR 센세키仙石선 및 JR 조반常磐선은 바다에서 내륙 쪽으로 일부 구간의 경로를 변경할 계획입니다.

낙석 방지책

경사면의 낙석으로부터 선로와 열차를 지키는 설비이다. 사진은 JR도산(土讃)선 오보케(大歩危) 역 부근이다. 요시노가와(吉野川) 부근의 계곡에 있는 험한 지형으로 낙석 방지책과 터널이 연속된다.

눈 대피 시설

선로를 눈의 피해로부터 지키는 설비이다. 사진은 도호쿠 신칸센의 하치노헤(八戸) 역이다. 플랫폼에 눈이 쌓이지 않도록 플랫폼 전체가 덮여 있다.

6-14 교량과 고가 다리

선로에는 흙이나 콘크리트, 강철, 벽돌 등으로 만들어진 구조물이 있습니다. 여기에는 교량과 터널뿐만 아니라 지반이 낮은 지역, 사면에 흙을 높이거나 반대로 경사면의 흙을 깎아낸 흙 구조물도 포함됩니다.

대표적인 구조물인 교량은 강이나 바다, 골짜기 등을 건너기 위해 만들어지며 여러 종류가 있습니다. 예를 들어 거더girder의 구조로 나누면 거더교girder bridge, 트러스교truss bridge, 아치교arch bridge, 라멘교rahmen bridge, 사장교cable-stayed bridge, 현수교suspension bridge 등이 있습니다.

거더교는 교각 위에 거더를 걸쳐 놓은 간단한 구조라서 교각의 간격이 짧은 교량에 사용됩니다. 트러스교는 거더가 가늘고 긴 뼈대를 삼각형으로 짜서 맞춘 구조이며, 철도에서는 폭이 넓은 강을 건너는 교량에 주로 사용됩니다. 아치교는 위에 아치 곡선으로 지지하는 구조로 다양한 종류가 있습니다. 라멘교는 주거더main girder와 교각, 교대를 연결한 구조입니다. 사장교는 탑과 거더 사이에 케이블을 연결하여 지지하는 구조로, 외관이 보기 좋아서 최근 건설되는 교량에 많이 사용되고 있습니다. 현수교는 거더를 수직으로 묶는 행어로프를 메인 케이블로 지지하는 구조로 교각의 간격이 긴 교량이 사용됩니다.

지상과 이어지게 세워진 교량을 고가 다리라고 합니다. 일본에는 거더교나 라멘교를 연결시켜 설치하며, 강철이나 콘크리트로 만든 거더가 주로 사용됩니다. 여러 도로와 입체 교차하기 위해 건설하는 경우가 많으며, 신교통 시스템의 고가 다리처럼 도로 바로 위에 건설하기도 합니다. 고가 다리는 소음을 발생시키는 주된 원인이 되기 때문에 소음을 줄이기 위한 노력을 하고 있습니다.

교량

거더교

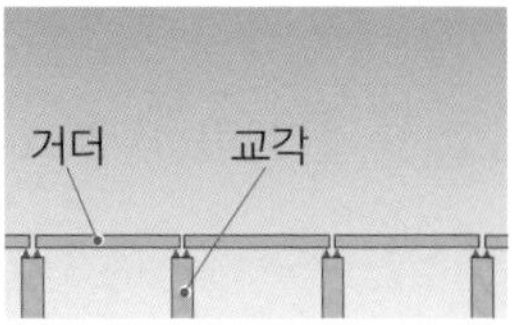

트러스교

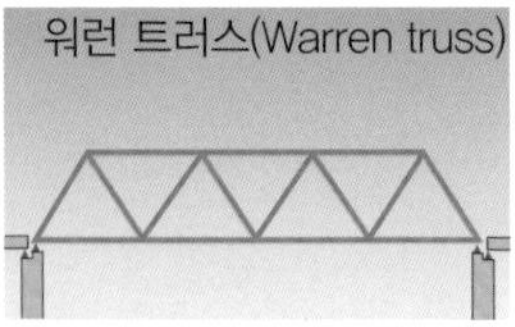

아치교

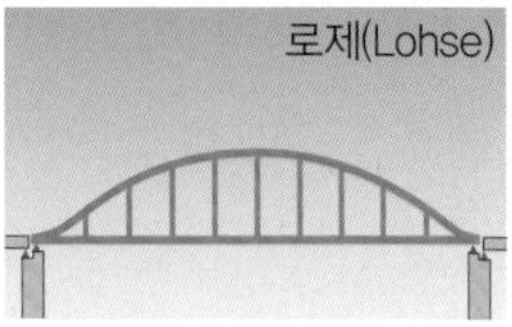

라멘교

사장교

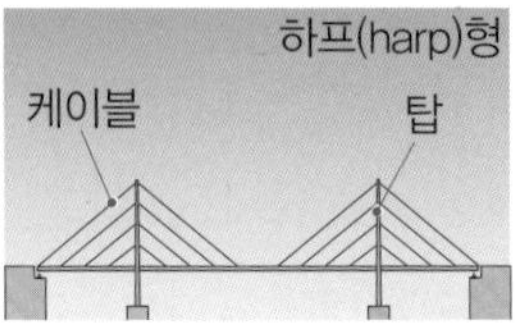

현수교

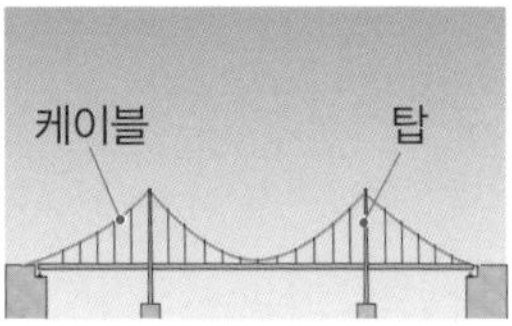

규모 및 교각의 간격 등에 따라서 구조를 나눈다. 사장교 및 현수교는 구조 해석이 복잡하여 설계가 어렵다고 알려져 있었지만 최근에는 컴퓨터의 발달로 설계가 쉬워졌다.

고가 다리

지상과 연결하여 세워진 교량. 여러 개의 도로와 입체 교차하는 곳에 자주 사용된다. 사진은 도쿄·오지(王子) 부근이다. 재래선(왼쪽)은 지상을 달리지만 도호쿠 신칸센은 고가 다리를 다닌다.

6-15 산악 터널과 도시 터널

터널은 산을 넘거나 지하를 다니기 위해 빠질 수 없는 구조물입니다. 일본은 국토의 70%가 산지이기 때문에 철도에 많은 터널이 있습니다. 가령 산요 신칸센은 지형 기복이 심한 지역에 경사나 커브를 완만하게 하기 위해 건설되었으며, 전 구간(신오사카新大阪~하카타博多)의 50%가 터널로 이루어져 있습니다.

철도의 터널은 크게 나누어 산악 지대에 건설하는 산악 터널과 도시의 지하에 건설하는 도시 터널이 있습니다. 산요 신칸센의 터널은 산악 터널이지만 지하철의 터널은 도시 터널입니다.

터널은 건설 장소나 조건에 따라서 만드는 방법이 다르며 건설 방법에는 여러 종류가 있습니다. 주요 공법은 산악 공법, 실드 공법, 개착 공법입니다. 산악 공법은 터널 벽을 받치면서 옆 방향으로 굴을 파는 방법입니다. 실드 공법은 실드 머신이라 부르는 원통 모양의 기계로 옆 방향으로 굴을 파면서, 세그먼트segment라는 블록으로 벽을 만들어 가는 방법입니다. 개착 공법은 지상에서 구멍을 파서 바닥에 터널을 만들고 다시 메꾸는 방법입니다.

산악 터널에는 주로 산악 공법을 사용하고, 도시 터널에는 주로 개착 공법이나 실드 공법을 사용합니다. 요코하마横浜나 센다이仙台의 지하철처럼 부분적으로 산악 공법을 사용한 예도 있습니다.

도시 터널은 단면이 둥근 것과 사각인 것이 있습니다. 사각인 것은 개착 공법, 둥근 것은 실드 공법을 주로 사용한 것입니다. 교토의 지하철 도자이東西선에는 일부 구간에서 실드 공법을 사용한 사각 터널이 있습니다.

산악 터널

산간부에 만들어진 터널. 일본의 국토는 산지 비율이 높아서 철도에 산악 터널이 많다. 사진은 JR 게센누마(気仙沼)선이다.

도시 터널

도시의 지하를 달리는 터널. 지하철 등에 사용된다. 사진은 도쿄 메트로 부도심선 시부야(渋谷) 역 부근으로 실드 공법으로 건설된 구간이다.

6-16 육지를 연결하는 교량과 터널

철도의 교량이나 터널 중에는 바다를 사이에 두고 육지와 육지를 연결하기 위해 건설한 것도 있습니다. 일본의 대표적인 철도 교량은 혼슈本州와 시코쿠四国를 연결하는 세토瀬戸 대교, 도쿄의 임해 부도심을 연결한 레인보우 브리지('유리카모메'가 다님), 간사이국제공항이 있는 인공 섬을 연결한 간사이국제공항 연결교가 있습니다. 이들은 모두 철도와 도로 양쪽이 다니는 철도·도로 겸용 다리로, 간사이국제공항 연결교는 세계에서 가장 긴 트러스교입니다.

육지와 육지를 연결하는 터널은 바다 밑을 지나는 해저 터널입니다. 일본 철도에서 대표적인 해저 터널은 혼슈와 규슈를 연결하는 간몬関門 터널과 신간몬新関門 터널, 홋카이도와 혼슈를 연결하는 세이칸青函 터널입니다. 간몬 터널(길이 3,614m·하행선)은 1942년에 개업한 세계 최초의 해저 터널이며, 간몬 해협을 횡단하는 경로로 JR 산요 본선의 일부이기도 합니다. 마찬가지로 간몬 해협을 횡단하는 신간몬 터널(길이 18,713m)은 1975년에 개업한 산요 신칸센의 터널로, 개업 당시 일본에서 가장 긴 철도 터널이었습니다. 쓰가루津軽 해협을 횡단하는 세이칸 터널(길이 53,850m)은 1988년에 개업한 세계에서 가장 긴 터널입니다2016년에 스위스의 고트하르트 베이스 터널(57,091m)이 개통되면서 순위가 바뀌었다. - 역주. 현재는 JR 가이쿄海峡선(쓰가루가이쿄津軽海峡선)의 일부로 홋카이도 신칸센의 열차도 다닐 예정입니다2016년 3월 개통 - 역주.

해외의 대표적인 해저 철도 터널로는 도버 해협을 횡단하는 영국과 프랑스를 잇는 채널 터널Channel Tunnel(길이 50,450m)이 있으며 국제 열차 '유로스타' 등이 달리고 있습니다.

혼슈와 시코쿠를 잇는 세토 대교

5개의 섬을 경유하여 세토나이카이(瀬戸内海)를 횡단한다. 도로 아래를 철도가 통과하는 철도·도로 겸용 다리이다. 오카야마 역에서 산요 신칸센과 연결하여 시코쿠로 향하는 특급 열차와 쾌속 열차가 달린다.

혼슈와 홋카이도를 잇는 세이칸 터널

쓰가루 해협을 횡단하는 해저 터널. 여객 수송뿐만 아니라 화물 수송의 대동맥 역할을 한다. 홋카이도 신칸센의 일부 구간이 되었다.

COLUMN

호빵맨 열차

JR 시코쿠의 특급 열차 중 일부에서 차체 바깥쪽과 차내 일부 좌석에 '호빵맨' 캐릭터가 그려진 디젤 동차, 일명 '호빵맨 열차'를 볼 수 있습니다.

시코쿠에는 고속 도로망의 확대로 고속버스가 발달하여 철도 이용자가 줄었습니다. 그래서 JR 시코쿠는 여행객들을 모으기 위해 2000년에 호빵맨 열차를 기획했습니다. 호빵맨이 선정된 이유는 어린이부터 어른에 이르기까지 모든 세대에 친숙한 캐릭터이고, 작가인 야나세 다카시 씨가 고치(高知)현 출신이라는 것과도 관련이 있습니다.

호빵맨 열차는 리뉴얼을 거듭하면서 현재도 주행하고 있습니다. '세균맨'처럼 숙적의 캐릭터가 있어서 더 흥미를 느끼게 하는 것 같습니다.

JR 마쓰야마(松山) 역에 정차한 호빵맨 열차의 특급 '우와카이(宇和海)'이다. 차량에 호빵맨 캐릭터가 그려져 있다.

7장

안전하고 편리한 철도를 위한 노력

차량이나 선로가 있더라도 그것만으로 철도는 운영되지 않습니다.
마지막 장에서는 열차를 안전하게 달리게 하는 기술과
누구나가 이용하기 쉬운 철도를 만들기 위한 방안들을 살펴보겠습니다.

7-01 전차를 조정하는 운전실

철도는 공공 교통 기관이므로 안전하지 않으면 그 역할을 다할 수 없습니다. 때문에 일반인이 생각하는 이상으로 안전에 힘쓰고 있으며 열차를 조종하는 운전실에도 그 노력들이 엿보입니다.

철도 차량의 운전실에는 핸들이나 스위치, 계기류가 많이 있습니다. 그렇다고 항공기의 조종실만큼은 아닙니다. 방향 조종 장치를 조작할 필요 없이 기본적으로 가속과 타행※, 감속(브레이크)을 반복할 뿐이어서 조종 기기가 항공기보다 적은 것입니다. 하지만 열차 조종은 위험이 따르는 일입니다. 또한 전문적인 지식이 필요하기 때문에 열차의 운전사가 되기 위해서는 오랫동안 훈련을 해야 합니다.

전차의 운전실은 기관차의 운전실과 비교했을 때 구조는 간단하지만 핸들 위치 등은 차종마다 다릅니다. 주로 조작하는 것은 가속을 위한 **주간 제어기**master controller **핸들**과 브레이크를 거는 **브레이크 핸들**이지만, 최근에 등장한 통근 전차 중에는 브레이크 핸들을 겸한 주간 제어기 1개만으로 운전이 가능한 것도 있습니다. 자동 운전을 하는 지하철 전차는 운전대에 있는 2개의 버튼을 동시에 누르면 **다음 역에 정차할 때까지 기계가 자동적으로 열차의 속도를 조절**하도록 되어 있습니다. 운전대의 **모니터**에 플랫폼의 영상을 비추는 전차도 있어서 과거에 차장이 플랫폼을 살피고 감시하는 일을 운전사가 하고 있습니다. 이제는 운전사 혼자 운전하는 일이 가능해진 것입니다. 전차를 움직이는 핸들 이외에도 운전실에는 차장이나 운행 관제실과 연락을 취하기 위한 **통신 장치** 및 운전사의 조작 실수를 보완하는 **보안 장치** 등 많은 기기가 설치되어 있습니다.

※ 관성으로 달리는 것

핸들 위치의 종류

투(two) 핸들식

JR 니시(西)니혼 223계 5000번대

왼쪽에 주간 제어기 핸들, 오른쪽에 브레이크 핸들을 배치. 대부분의 전차와 디젤 동차에서 채용하고 있다. 일반적으로 신칸센 이외에는 주간 제어기 핸들이 왼쪽에 있다.

원(one) 핸들식

요코하마(横浜) 시영 지하철 10000계

주간 제어기 핸들이 브레이크 핸들을 겸한다. 사진에서는 주간 제어기 핸들이 오른쪽에 있지만 중앙 또는 왼쪽에 배치한 차량도 있다.

신칸센 전차(N700계)의 운전실

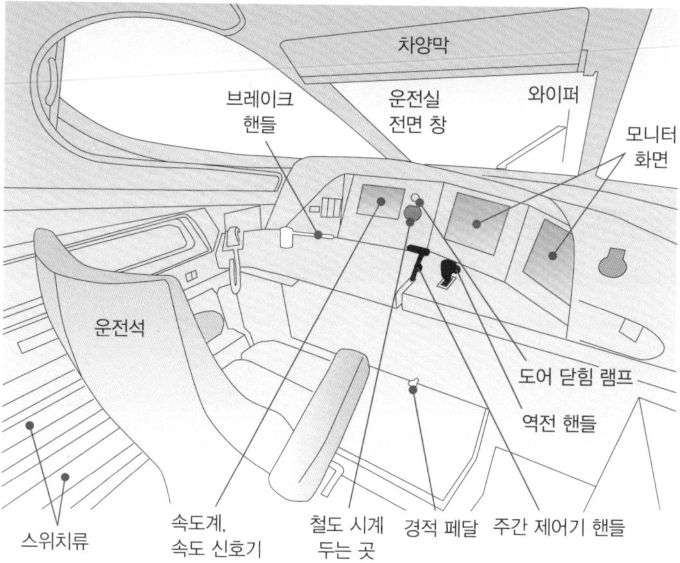

신칸센에는 브레이크 핸들보다 자주 사용하는 주간 제어기 핸들을 오른쪽에 배치했다. 기본적으로 브레이크는 자동이므로 브레이크 핸들은 역에 정차하기 직전과 긴급할 때에만 사용한다.

7-02 선로의 표식

열차를 타고 선로를 잘 관찰해보면 선로 옆에 숫자를 적은 간판이나 흰색 기둥이 서 있는 것을 볼 수 있습니다. 이것은 **표식**※이라고 하며, 열차가 안전하게 달리는 데 필요한 위치와 방향, 조건 등을 나타낸 것입니다. 표식에는 제한 속도를 나타내는 **속도표**, 경사를 나타내는 **경사표**, 기점으로부터의 거리를 나타내는 **거리표** 등 종류가 다양합니다. 도로에도 이러한 표식이 있지만 철도와 도로의 표식은 형태나 표시 방법이 다릅니다.

철도에는 도로보다 짧은 간격으로 표식이 있습니다. 예를 들어 경사표의 경우 도로에는 급경사일 때만 있지만, 철도에는 경사가 변하는 장소에 있기 때문에 도로보다 많이 있습니다. 속도표도 도로보다 철도에 많이 있습니다. 철도의 열차는 자동차보다 수송 규모가 크고, 커브나 경사에 따라서 운전 방법이 크게 달라지므로 표식을 많이 설치합니다.

하지만 표식이 선로의 모든 조건을 나타내는 것은 아닙니다. 속도표가 없는 장소에도 엄격하게 제한 속도를 두기 때문에 **열차의 운전사는 그것들을 모두 외우고 있습니다**. 열차의 운전사는 운전할 수 있는 구간이 정해져 있으며, 운전한 적이 없는 구간을 운전하기 전에는 반드시 훈련을 받습니다. 운전실에 동승하여 전방의 경치를 관찰하거나 운전 훈련을 계속 받아서 **선로의 위치, 제한 속도 등의 조건, 브레이크를 거는 타이밍 등을 자세하게 외웁니다**.

이러한 운전사의 노력과는 별도로 표식은 필요합니다. 표식을 많이 설치하면 운전사가 확인할 수 있는 기회가 늘어서 조작 실수 등을 줄일 수 있으므로 결과적으로 안전성이 향상됩니다.

※ 정확하게 말하면 '표식'은 지켜야 할 것을, '표'는 정보를 제공하는 것을 말합니다.

주요 표식

경사표

선로의 경사를 나타낸다. 사진은 1퍼밀의 오르막 경사. 수평은 'L'로 나타낸다.

곡선표

커브(곡선)의 반경을 나타낸다. 사진은 반경 2,500m 커브를 나타낸다.

거리표

기점으로부터의 거리를 나타낸다. 사진은 기점으로부터 32km 지점을 나타낸다.

역 이름표

역 이름을 나타낸다. 일본에서는 이전 역과 다음 역을 알파벳으로도 표기하는 것이 일반적이다.

속도 제한 표식

사진은 분기기에서 왼쪽으로 돌 때 시속 45km 이하로 감속해야 함을 나타낸다.

차 멈춤 표식

선로의 끝을 나타낸다. JR 규슈의 것은 사진처럼 조금 크다.

7-03 선로의 신호기

표식과 함께 선로에서 자주 볼 수 있는 것으로 신호기가 있습니다. 도로에도 신호기가 있지만 철도의 신호기와는 다른 역할을 합니다. 신호의 내용을 색이나 모양, 소리로 전달하는 것을 현시라고 하는데 철도에는 현시 방법이 특별한 신호기가 있습니다.

철도 신호기의 종류는 현시 방법이나 역할로 분류합니다. 선로에 있는 신호기는 현시 방법에 따라 완목식·색등식·등열식으로 크게 나뉩니다. 완목식은 완목이라고 하는 나무판의 기울기로, 색등식은 램프의 색과 위치로, 등열식은 점등한 램프의 배열 방식으로 나타냅니다. 과거 일본의 철도는 완목식 신호기를 사용했으나 현재는 밤에도 멀리서 확인하기 쉬운 색등식이나 등열식 신호기로 바뀌었습니다. 또 램프의 전구를 수명이 길고 소비 전력이 적은 LED로 교체한 신호기가 보급되었습니다.

선로에 있는 신호기는 역할이나 설치 위치에 따라서 종류가 다양합니다. 그 예로 역의 플랫폼 앞뒤에는 열차가 역에 들어가도 되는지를 현시하는 장내 신호기와 열차가 출발해도 되는지를 현시하는 출발 신호기가 있습니다. 역과 역 사이에는 폐색이라 부르는 구간에 들어가도 되는지를 현시하는 폐색 신호기가 있으며, 이외에도 커브로 인하여 전방을 잘 살피기 어려운 장소에 두는 중계 신호기와 큰 역과 차량 기지에 있는 입환 신호기 등이 있습니다.

또 차내에 두는 차내 신호기가 있습니다. 현재 일본에서 사용되는 차내 신호기는 속도 신호기로 제한 속도를 현시합니다. 운전사가 확인하기 쉽도록 고속으로 달리는 신칸센이나 터널 안에서 앞을 살피기 어려운 지하철에서 주로 사용됩니다. 신칸센에 입환 신호기 이외의 신호기가 없는 이유는 운전대에 속도 신호기가 있기 때문입니다.

현시 방법의 종류

완목식 신호기

판(기둥에 옆으로 댄 가로대)의 기울기로 현시한다. 수평이면 '정지', 기울면 '진행'.

등열식 신호기

점등하는 램프의 줄로 현시한다. 줄이 수평이면 '정지', 수직이면 '진행'.

색등식 신호기

램프의 색과 배치로 현시. 색에 의한 현시는 도로의 신호기와 같다.

속도 신호기

주행 구간의 제한 속도를 현시. 차내의 운전대에 있다. 사진은 지하철 전차의 예이다.

역할의 종류

입환 신호기

역이나 차량 기지 등의 구내를 달리는 차량에 대한 신호기이다.

중계 신호기

앞을 살피기 어려운 장소에 있는 신호기의 현시를 예고하는 신호기이다.

폐색 신호기

폐색 구간의 입구에 있는 신호기. 진입의 가능 여부 등을 현시한다.

7-04 열차의 충돌을 막는 폐색

열차가 안전하게 선로를 달리기 위해서는 여러 가지 정해진 규칙이 필요합니다. 그중 하나인 '폐색'은 '닫아서 막는다'라는 의미인데, 철도에서는 일정 구간을 달리는 열차를 1대로 한정하여 다른 열차가 그 구간을 달릴 수 없도록 한다는 뜻으로, 열차끼리의 충돌을 막는 것을 의미합니다. 이러한 일정 구간은 다른 열차가 들어오지 못하도록 막혀 있기 때문에 폐색 구간이라고 합니다.

폐색은 19세기 중엽에 영국의 철도에서 도입되었습니다. 당시는 폐색 구간의 통행을 허가하는 통행증으로 통표를 두어서, 통표를 가진 열차만 폐색 구간을 달릴 수 있게 했습니다. 하지만 이 방법으로는 일단 열차가 가지고 간 통표를 역으로 다시 가져오지 않으면, 다른 열차가 폐색 구간에 진입할 수 없기 때문에 같은 방향의 열차가 두 대 이상 계속하여 달릴 수 없습니다.

그래서 통표 대신 구멍이 뚫린 원반(태블릿)을 사용하는 방법이 고안되었습니다. 태블릿의 구멍 형태는 폐색 구간마다 달랐는데, 폐색 구간의 양쪽 역이 연락을 취해서 태블릿 폐색기에서 태블릿을 1개만 빼도록 했습니다.

일본에서 오랫동안 사용해왔던 통표나 태블릿은 지금은 거의 볼 수 없습니다. 폐색을 기계로 관리하는 자동 폐색 방식이 보급되었기 때문입니다.

열차의 운전 대수가 많은 노선에서는 1개 역 구간에 여러 곳의 폐색 구간을 두기 때문에, 1개 역 구간에서 여러 대의 열차가 안전하게 달릴 수 있습니다. 7-03에서 소개한 폐색 신호기는 폐색 구간의 경계에 있으며 그 이상 앞으로 진입해도 되는지 여부를 현시합니다.

태블릿 폐색 방식

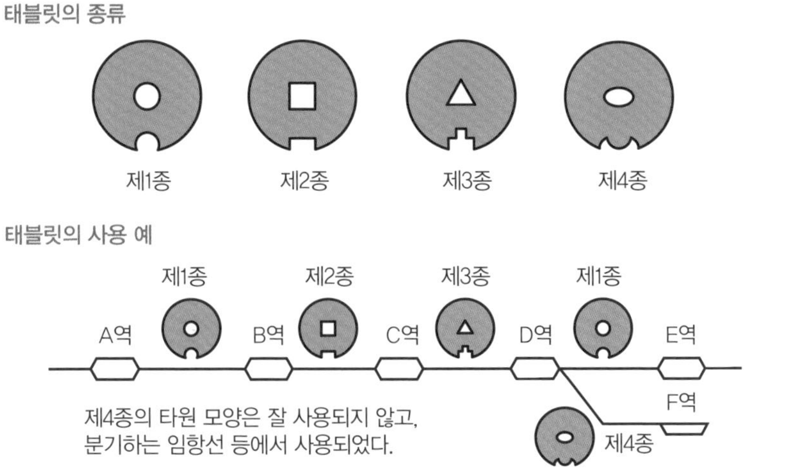

원반 모양의 태블릿을 사용한 폐색 방식. 태블릿의 구멍 모양은 폐색 구간마다 다르며 특정한 태블릿을 가진 열차만 폐색 구간에 진입할 수 있다. 태블릿은 폐색 구간의 양쪽 역이 연락을 취해서 1개만 나오도록 하였다. 폐색 구간에 2대 이상의 열차가 진입할 수 없기 때문에 충돌 사고를 막을 수 있다. 태블릿의 구멍 모양은 폐색 구간마다 다르다.

출처: 참고 문헌 [9], 그림 15-4·그림 15-5, 일부 변경.

태블릿 교환

과거에는 전국의 철도에서 볼 수 있었던 태블릿 교환. 사진은 JR 구루리(久留里)선에서의 교환 작업이다. 2012년 3월에 폐색을 자동화했기 때문에 현재는 볼 수 없다.

7-05 자동 열차 보안 장치와 열차 집중 제어 장치

철도의 안전한 열차 운행과 효율적인 업무를 위한 다양한 장치 중에는 **자동 열차 보안 장치**와 **열차 집중 제어 장치**가 있습니다. 자동 열차 보안 장치는 운전사가 혹시 실수하더라도 열차가 안전하게 운행할 수 있도록 한 장치입니다. 훈련 받은 사람이라도 의도치 않게 실수하기도 하는데 전문 용어로 인적 실수(휴먼 에러)human error라고 합니다. **자동 열차 보안 장치는 철도에서 인적 실수에 의한 열차의 충돌과 추돌 사고를 방지**하는 장치입니다.

일본의 철도는 자동 열차 보완 장치로서 주로 **자동 열차 정지 장치(ATS)**Automatic Train Stop System와 **자동 열차 제어 장치(ATC)** Automatic Train Control System를 사용합니다. 일반적으로 ATS는 열차를 정지시키는 것을 말하고 ATC는 열차를 감속시키는 것으로 알려져 있는데, ATS에도 속도를 검지하여 감속시키는 기능을 추가하여 ATC에 근접시킨 것도 있습니다. ATC는 신칸센이나 지하철(일부 제외), 신교통 시스템, JR 재래선의 일부 노선에서 사용되고 있습니다. 그런데 ATS나 ATC는 일본에서 사용되는 명칭이며 해외에서는 명칭과 구조가 다른 자동 열차 보안 장치가 있습니다.

ATS와 ATC는 선로에 설치해야 하는 설비가 많기 때문에 설치나 유지에 비용이 들지 않는 자동 열차 보안 장치가 개발되고 있습니다. 무선으로 열차의 위치를 검지하는 것으로 유럽과 미국에서 이미 사용 중입니다. 일본은 2011년부터 ATACSAdvanced Train Administration and Communications System라고 부르는 자동 열차 보안 장치를 JR 센세키仙石선에 도입했습니다.

열차 집중 제어 장치(CTC)는 일정 구간의 신호기나 분기기를 원격 조작할 수 있는 장치입니다. 열차 운행을 운행 관제실에서 일괄 관리할 수 있도록 업무의 효율화를 꾀하고 있습니다.

ATACS를 도입한 JR 센세키선

지상 설비의 경비 절감을 위해 JR 히가시니혼이 개발한 새로운 열차 보안 시스템(ATACS)을 도입했다. 일본에서 처음으로 열차와 함께 폐색 구간이 이동하는 시스템을 도입.

열차의 위치를 알 수 있는 열차 운행 표시판

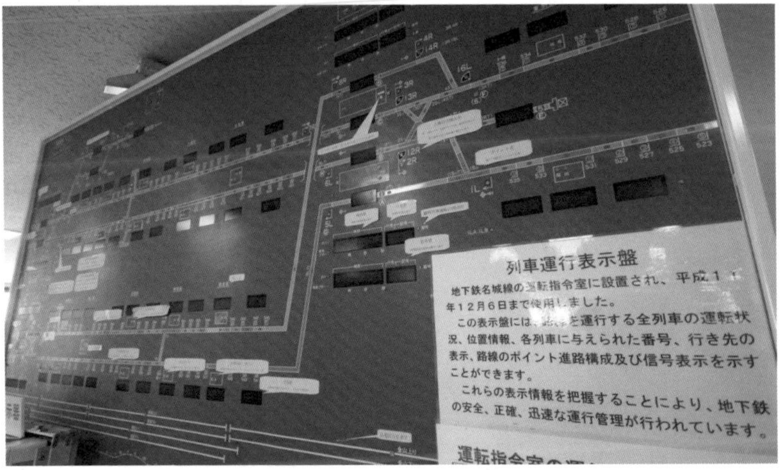

열차 집중 제어 장치의 일부로 노선에서의 열차의 위치를 표시한다. 운행 관제사는 이것을 보면서 신호기와 분기기 등을 원격 조작한다. 사진은 나고야 시영 지하철 메이조(名城)선의 운행 관제실이다. 나고야·시영 교통 자료 센터.

7-06 ATO와 무인 운전

운전사의 인적 실수에 의한 열차 사고를 막는 궁극적인 방법은 운전 조작을 모두 자동화하는 것입니다. 일본에서는 지하철 및 신교통 시스템의 일부 노선에서 ATC와 연동하는 자동 열차 운전 장치(ATO)를 도입하여 운전 조작을 자동화했습니다. 철도 차량에는 기본적으로 인간만 할 수 있는 방향 조종 장치가 필요하지 않기 때문에, 신교통 시스템(AGT, HSST) 중에는 운전사가 없는 무인 운전을 이미 실시한 노선도 있습니다. 이러한 노선에는 모든 역의 플랫폼에 스크린 도어 및 감시 카메라를 설치하여 이용자가 안전하게 승하차할 수 있도록 하고 있습니다.

무인 운전은 승무원이 필요하지 않아 인건비를 절약할 수 있을 뿐만 아니라 승무원을 확보하지 않아도 되므로 이용 상황에 맞추어 열차를 증차할 수 있는 이점이 있습니다. 때문에 해외의 지하철에서는 이미 무인 운전을 하는 노선이 있습니다. 예를 들어 파리의 지하철 '메트로'에서는 1998년에 개업한 노선(14호선)과 이용자가 많은 가장 오래된 노선(1호선)에서 무인 운전을 실시하고 있습니다.

한편 일본의 지하철에는 ATO를 도입하여 운전사가 차장의 업무도 함께 보는 '원맨 운전'이 가능한 노선은 있지만, 파리의 지하철처럼 무인 운전을 실시하는 노선은 아직 없습니다. 2005년에 개업한 후쿠오카 시영 지하철 나나쿠마七隈선에서 일본 내 지하철에서는 처음으로 전자동 운전 시스템을 도입했지만, 열차의 맨 앞에는 승무원이 타고 있습니다. 일본에서는 긴급 상황 시 터널 안에서 피난을 유도할 승무원이 필요하다고 생각하기 때문에, 기술적으로는 가능해도 이용자의 안전과 안심을 중시하여 지하철의 무인 운전을 하고 있지 않습니다.

승무원이 없는 '유리카모메'

ATO에 의한 자동 운전을 실시하고 있어서 운전사와 차장이 탑승하지 않는다. 맨 앞좌석은 임해 부도심의 경치를 즐길 수 있어서 인기가 많다.

승무원이 탑승하는 후쿠오카 시영 지하철 나나쿠마선

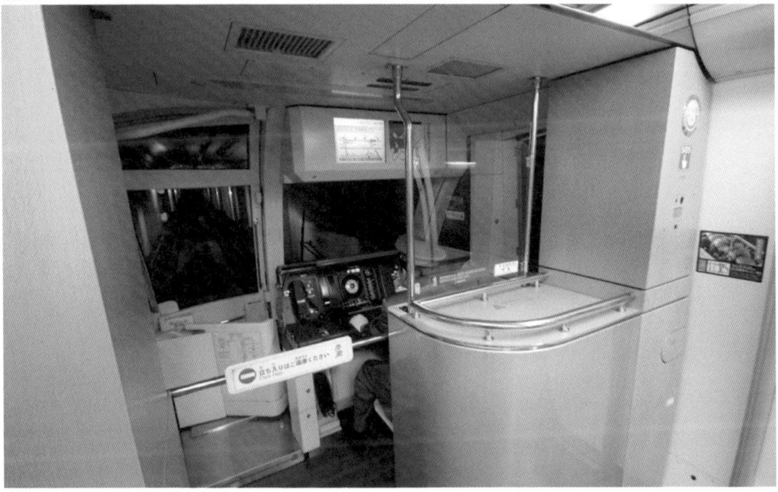

운전 조작을 모두 자동화한 전자동 운전을 시행하고 있지만 안전 확보를 위해서 승무원이 탑승하여 운전석에 앉아 있다. 운전실과 객실 사이에 칸막이가 없다.

7-07 추락 사고를 막아주는 스크린 도어

최근에는 역의 플랫폼에 스크린 도어가 설치된 곳이 많습니다. 스크린 도어는 승객이 열차와 접촉하는 사고를 막기 위한 것으로, 열차의 승강구 출입문 부근만 열리고 닫히는 구조로 되어 있습니다. 스크린 도어는 구조에 따라 종류가 다양합니다. 바닥부터 천정 높이까지 전체를 막은 완전 밀폐형, 바닥부터 천정의 중간 높이까지를 막은 반 밀폐형, 줄이 위아래로 움직이는 로프형 등이 있습니다. 스크린 도어는 해외에서 '플랫폼 스크린 도어platform screen door' 등으로 불립니다.

일본에서는 신교통 시스템 등에서 바닥부터 천정 높이까지 막은 완전 밀폐형이 사용되고 있는 반면에, 최근에는 설치가 쉬운 반 밀폐형이 주로 사용됩니다. 지하철 중에는 스크린 도어의 부품을 열차로 운반하여 플랫폼에서 조립하여 설치하는 예도 있습니다.

스크린 도어의 설치는 역만 개량하면 된다고 오해하기 쉽지만 실제로는 선로 및 차량도 개량하지 않으면 스크린 도어는 사용할 수 없습니다. TASC(정위치 정지 장치)Train Automatic Stopping Controller처럼 열차가 같은 위치에 정지하도록 운전을 지원하는 장치를 선로와 차량에 설치하지 않으면, 스크린 도어와 열차의 승강구 출입문의 위치가 어긋나 타고 내릴 때 문제가 발생합니다. 그런데 이러한 설비를 전부 마련하여 한 노선의 전체 플랫폼에 스크린 도어를 설치하려면 막대한 비용이 듭니다. 스크린 도어를 모든 역에 설치하기 어려운 가장 큰 이유입니다.

일본에서 도입이 검토되고 있는 로프형은 완전 밀폐형과 반 밀폐형과 비교했을 때 사고를 방지하는 효과는 적지만 도입 비용이 적다는 이점이 있습니다.

플랫폼 스크린 도어(완전 밀폐형)

플랫폼의 바닥부터 천정 높이까지 막았다. 열차의 출입문과 함께 스크린 도어가 열리고 닫힌다. 지하철의 경우 터널에서 바람이 들어오는 것을 막을 수 있다. 사진은 교토의 시영 지하철 도자이 선.

플랫폼 스크린 도어(반 밀폐형)

바닥부터 높이가 1.3m이다. 완전 밀폐형보다 저렴하고 설치하기 쉽다. 어린이가 열차의 접근을 알아차리도록 출입문 부분을 투명하게 한 곳도 있다. 사진은 후쿠오카 시영 지하철 공항선.

7-08 종이 승차권에서 IC카드 승차권으로

최근에는 IC카드 승차권이 보급되어 대도시권의 철도에서는 종이 승차권을 살 기회가 줄었습니다. 바뀌게 된 이유를 승차권의 변화를 통해서 살펴보겠습니다.

종이 승차권을 크게 나누면 두꺼운 종이로 만든 경권과 얇은 종이로 만든 연권이 있습니다. 일본 최초의 철도에서는 1930년대에 영국에서 고안되어 유럽에 보급된 경권(에드몬슨 승차권)Edmondson railway ticket이 사용되었습니다. 그 후 연권이 등장했는데 운임 등의 정보를 미리 인쇄했기 때문에 행선지에 따라서 여러 장의 승차권을 역에서 가지고 있어야 했습니다.

그래서 발매할 때마다 롤 형태의 얇은 종이에 정보를 인쇄하는 연권이 등장했습니다. 장거리 승차권이나 지정석권 등은 창구에 있는 프린터에서, 근거리 승차권은 자동 발매기로 발권하였습니다.

자동 개찰기가 보급되자 뒷면이 검은색 혹은 갈색인 연권이 등장했습니다. 비디오테이프 등에서 사용되는 자성 입자를 뒷면에 입힌 자기 카드식 승차권을 사용하여, 정보를 자기로 기록하고 자동 개찰기의 자기 헤드로 읽어낸 것입니다. 하지만 이러한 종이 승차권은 사용 후에 쓰레기가 되고 종이를 리사이클 하는 데도 비용이 듭니다.

그래서 재사용이 가능하도록 등장한 것이 IC카드 승차권입니다. IC카드 승차권은 자동 개찰기에 터치만 하면 통과할 수 있기 때문에 자동 개찰기에 승차권이 걸리는 문제도 줄었습니다. 또 카드에 일정액 이상의 요금을 미리 넣어두면 자동 개찰기를 통과할 수 있으므로 이용객이 많은 큰 역의 자동 발매기 개수가 줄었습니다. 승차권은 개량을 거듭하여 경권에서 IC카드 승차권으로 변모한 것입니다.

승차권의 변천

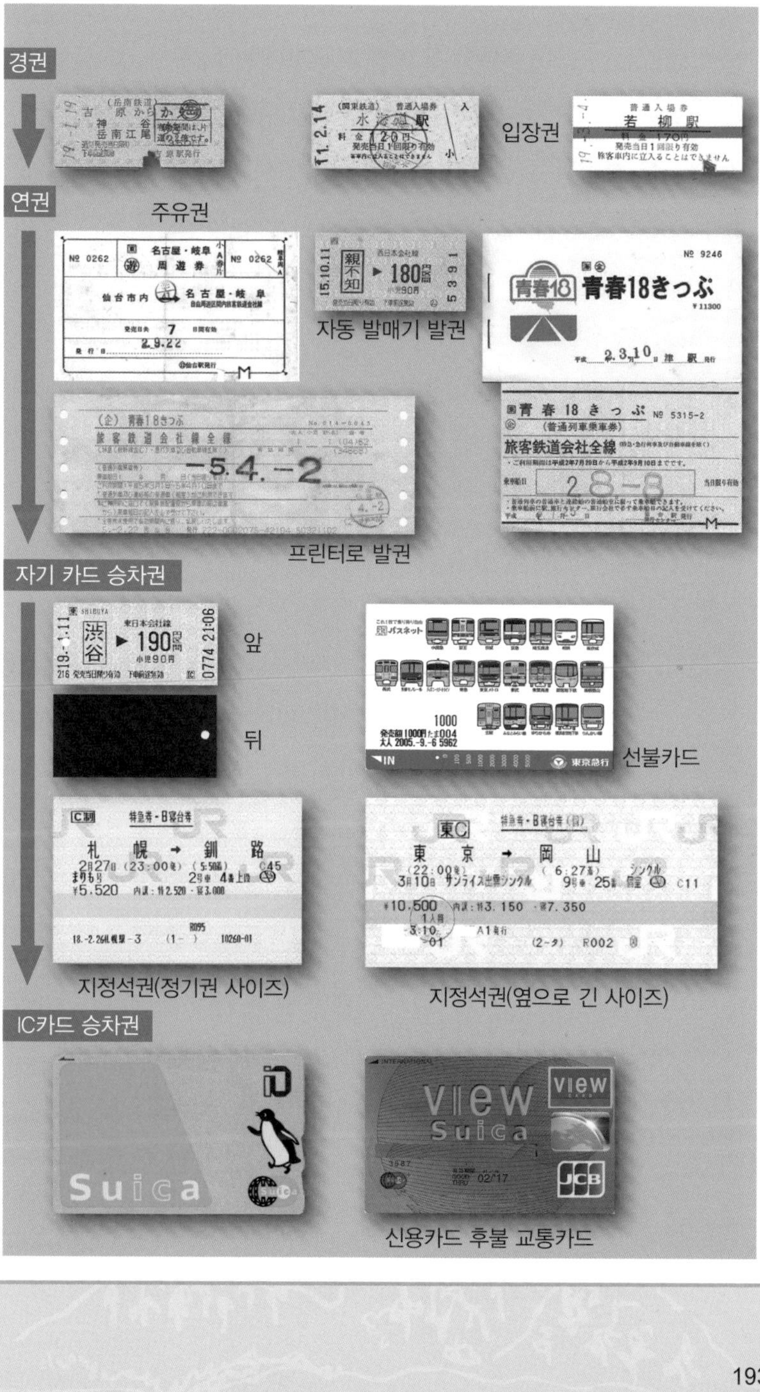
경권
입장권
연권
주유권
자동 발매기 발권
프린터로 발권
자기 카드 승차권
앞
뒤
선불카드
지정석권(정기권 사이즈)
지정석권(옆으로 긴 사이즈)
IC카드 승차권
신용카드 후불 교통카드

7-09 자동 개찰기

현재 대도시권의 대부분의 철도역 개찰구에는 자동 개찰기들이 줄지어 있습니다. 이렇게 자동 개찰기가 보급된 것은 승차권의 내용을 확인하는 개찰 업무를 기계화할 필요가 있었기 때문입니다.

역에 있는 개찰구는 운임 등의 요금을 이용자에게 징수하여 부정 승차를 막기 위한 것인데, 자동 개찰기가 보급되기 전에는 지방의 역과 마찬가지로 대도시권의 역에서도 역무원이 승차권을 1장씩 눈으로 확인했습니다. 입장하는 승객의 승차권에 가위(개표 가위)로 집은 표시를 역마다 다르게 하여 입장한 역을 알 수 있도록 하는 방법으로 부정 승차를 막았습니다. 개찰 업무는 이용자가 적은 역에서는 가능하지만, 이용자가 많은 역에서는 힘든 일이었습니다. 그래서 자동 개찰기가 개발되었습니다.

요금이 균일한 철도에는 일찍부터 자동 개찰기가 도입되었습니다. 예를 들면 뉴욕의 지하철에서는 20세기 초반에 턴 스타일turn stile의 자동 개찰기를 도입하여 토큰이라는 전용 코인을 넣은 이용자만 봉을 밀어서 입장하게 했습니다. 이러한 자동 개찰기는 1927년에 개업한 일본 최초의 지하철(현재의 도쿄 메트로 긴자선(아사쿠사~우에노 구간))에서도 사용되었는데, 이후 노선이 연장되어 요금이 균일하지 않게 되면서 사용이 불가능해졌습니다.

그래서 거리별로 설정된 운임 체계에 대응한 자기 카드 승차권을 사용한 자동 개찰 시스템이 일본에서 개발되어 1967년에 실용화되었습니다. 이 시스템은 이후에 운임 체계가 복잡한 JR에도 사용이 가능해졌습니다. IC카드 승차권이 보급되자 기존 방식보다 간단한 터치만으로 통과할 수 있는 자동 개찰기가 개발되어 무인역에도 설치되었습니다.

턴 스타일 자동 개찰기

일본 최초의 지하철에 도입된 자동 개찰기(복제품)이다. 10전 백동화(코인)를 넣으면 봉이 움직여서 입장이 가능하다. 이후 노선이 늘어나고 균일 요금제가 없어지면서 사용하지 않게 되었다. 사진: 지하철 박물관

현재의 자동 개찰기

오른쪽이 자기 카드 승차권, 왼쪽이 IC카드 승차권 개찰기이다. 이처럼 도쿄 등의 대도시권에서는 양쪽 모두 사용 가능한 자동 개찰기가 사용되고 있다. 사진: 이요 철도 마쓰야마시 역.

7-10 IC카드 승차권과 자동 개찰기

IC카드 승차권은 보기에는 그저 플라스틱 카드처럼 보이지만 내부에는 정보를 기록하고 기억하는 IC(집적 회로)칩과 루프 안테나가 삽입되어 있습니다. IC카드 승차권을 자동 개찰기의 리더 라이터에 터치하면, 안테나를 통해 IC칩에 기록된 정보를 순식간에 읽어내서 자동 개찰기를 통과시킬지 여부를 판단합니다.

일본의 IC카드 승차권은 일본이 개발했지만, 처음에는 홍콩에서 교통계 카드(옥토퍼스 카드)Octopus Card로 사용되었습니다. 이후 JR 히가시니혼에서 Suica를 채용하면서, 다른 JR 여객 각 회사와 사철 및 버스 등에서도 도입했습니다. 지금은 대도시권을 중심으로 전국 각지의 철도와 버스에서 사용이 가능해졌습니다.

일본의 IC카드 승차권은 자동 개찰 시스템을 채용하는 것은 같지만, 도입한 철도 사업자와 지역에 따라 종류가 달라서 서로 다른 철도망에 대응했으므로, 처음에는 카드 종류가 다른 철도에서 상호 이용을 할 수 없었습니다. 상호 이용을 위해서는 대상이 되는 역과 요금 양식이 늘어나서 자동 개찰 시스템의 프로그램을 큰 폭으로 수정해야 했기 때문입니다. 그러나 지금은 많은 개선이 이루어져서 2013년 3월부터 전국의 IC카드 승차권(버스를 포함한 교통계 IC카드)의 상호 이용이 가능해졌습니다.

IC카드 승차권은 전자 화폐 기능이 추가되어, 지갑 없이도 쇼핑과 외식을 즐길 수 있게 되면서 승차권의 역할을 넘어서게 되었습니다. 수도권에서는 개찰구 내의 상점이 많아져서 IC카드 승차권으로 물건을 살 수 있는 역도 증가했습니다.

IC카드 승차권의 구조

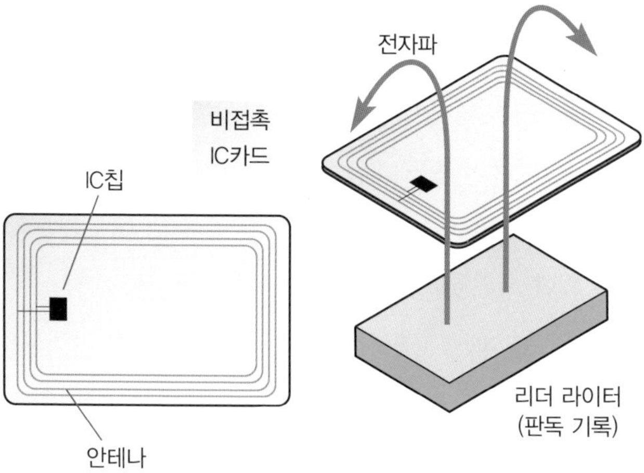

IC카드 승차권은 내부에 정보를 기억하는 IC칩과 루프 안테나가 삽입되어 있다. 기억 정보량이 많아서 위조하기 어려운 장점이 있다. IC카드 승차권을 자동 개찰기의 리더 라이터에 가까이 대면 전자파로 정보를 순식간에 판독한다. 참고 문헌 [15]를 참고로 한 그림.

일본의 주요 IC카드 승차권과 지역

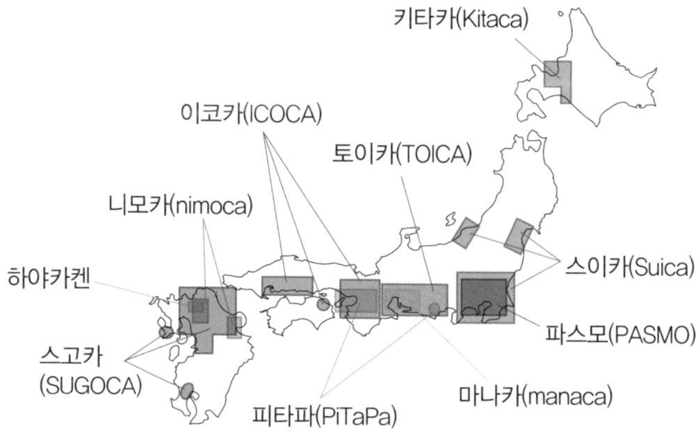

JR 여객 각 회사 및 지역의 사철 등에서 종류가 다른 IC카드 승차권을 도입했지만, 2013년 3월부터 지도에서 보듯이 열 종류의 카드를 전국에서 상호 이용할 수 있게 되었다. 철도의 4,275역, 버스 21,450대가 그 대상이다. 그림 출처: JR 니시니혼 보도자료(2012년 12월 18일)

7-11 좌석 지정 예약 시스템

열차의 좌석에는 자리를 지정하는 지정석이 있습니다. 과거에는 지정석 예약을 역의 창구 등에서만 할 수 있었지만, 현재는 컴퓨터나 스마트폰 등을 이용하여 할 수 있게 되었습니다. 정보 기술이 발달하여 개인이 철도의 좌석 지정 예약 시스템에 접속할 수 있게 되었기 때문입니다.

좌석 지정 예약 시스템은 복잡한 좌석 예약 정보를 컴퓨터에서 일괄 관리하는 시스템으로, 대표적인 예가 JR 그룹의 MARS(여객 판매 종합 시스템)Multi Access seat Reservation System입니다. MARS는 전국의 JR선을 달리는 열차의 좌석 예약 정보를 모두 취급하며 접속하면 어디서나 예약이 가능합니다. 이 시스템이 구축되기 전에는 역무원 등이 예약 센터에 전화하여 그곳의 직원이 예약 정보가 적혀진 대장을 보고 확인한 뒤, 빈자리가 있으면 지정권을 발매해 주었습니다.

MARS라는 좌석 지정 예약 시스템이 실용화되면서 역이나 여객 대리점의 단말기로 예약 확인이 가능해졌으며, 발권까지 걸리는 시간도 단축되었습니다. 또 전화 연결이 필요 없어지고 수작업이 줄었기 때문에 발매 실수도 자연히 줄었습니다.

인터넷이 보급되면서 그전에는 전용 단말에서만 가능했던 예약이 개인이나 단체의 컴퓨터에서도 가능해졌습니다. 스마트폰 등의 휴대 단말로 철도 회사의 웹 사이트에 접속하면 열차에 타기 직전에도 예약 변경이 가능합니다. 지금은 IC카드 승차권의 기능을 가진 휴대 단말이나 IC카드 승차권과 연동한 예약 서비스가 있어서 승차권 없이도 지정석을 이용할 수 있는 열차가 늘고 있습니다.

JR 그룹의 MARS

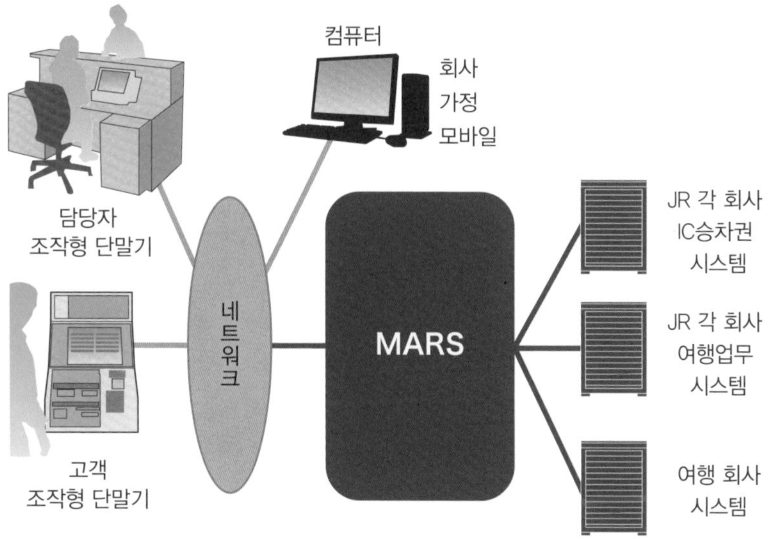

전국의 JR선의 좌석 예약 등의 정보를 일괄 관리한다. 인터넷으로도 연결되어 있어서 개인이 스마트폰이나 컴퓨터를 이용하여 좌석을 예약할 수 있다. 출처: 참고 문헌 [16]

지정석 자동 발매기

창구에 줄을 서지 않아도 자동 발매기를 이용하여 지정석이나 장거리 승차권 등을 구입할 수 있다. 좌석 위치 등도 지정할 수 있다. 사진은 도카이도 신칸센 도쿄 역.

7-12 나라마다 다른 운임 수금 방식

일본의 철도에는 무인역을 제외한 모든 역에 개찰구가 있으며 이용자 전원에게 운임을 받고 있습니다. 하지만 해외의 철도는 꼭 그렇지도 않습니다.

유럽과 미국의 지하철 등에는 개찰구가 있지만 대도시의 터미널 역에는 개찰구가 없는 곳이 대부분입니다. 승차권 등의 관리를 이용자에게 맡겨서 개찰을 생략하는 신용 승차제를 채용하기 때문입니다. 승무원이 차내에서 표를 검사하여 부정 승차를 단속하므로 일일이 개찰구를 설치하지 않아도 괜찮다고 생각합니다.

이처럼 운임을 받는 방식의 차이에 대해 일본에서는 지금까지 크게 논의되지 않았습니다. 그러나 노면 전차의 개량을 계기로 주목을 받고 있습니다.

유럽과 미국의 노면 전차는 이용자가 정류소나 근처의 매점에서 티켓을 구입하여 승차합니다. 또 운임이 무료이기 때문에 차량의 어느 문으로나 자유롭게 타고 내릴 수 있습니다. 하지만 일본의 노면 전차는 운임을 내는 운임통이 차내에 있어서 입구와 출구를 명확하게 구분하고 있으며 승객이 차내를 이동해야 합니다. 때문에 이동하기가 어려운 고령자나 몸이 불편한 이들을 위한 대책이 검토되고 있습니다.

일본의 철도에는 신용 승차제를 보급시키기가 어렵다는 의견이 대다수였습니다. 해외의 철도보다 이용자가 많을뿐더러 운임 체계가 복잡하다는 이유에서입니다. 하지만 현재는 노면 전차의 편의성을 높이기 위해 IC카드 승차권을 사용한 신용 승차제 도입이 조금씩 시작되고 있습니다.

입구와 출구가 있는 일본의 노면 전차

일본의 노면 전차는 부정 승차를 방지하기 위해서 입구와 출구가 다르다. 히로시마 전철 5100형(사진)은 좌우로 입구(노란색 부분)와 출구가 2곳씩 있다.

유럽과 미국, 일본에서 노면 전차를 타고 내리는 방법

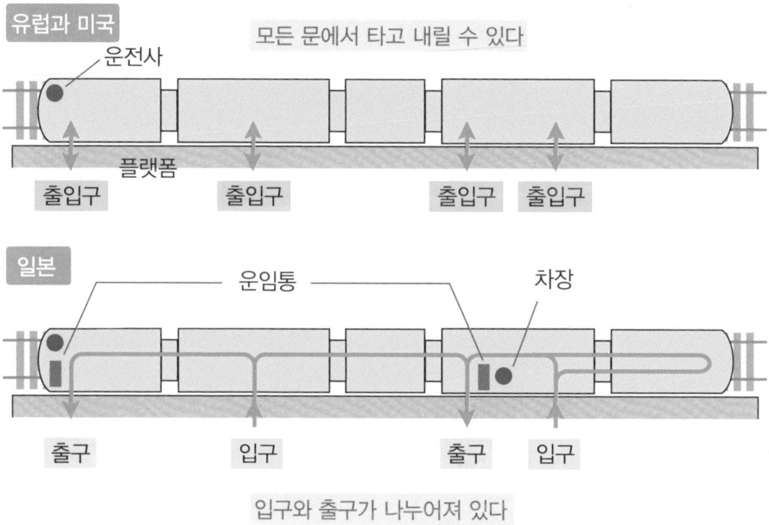

신용 승차제를 채용한 유럽과 미국의 노면 전차는 어떤 문으로도 타고 내릴 수 있다. 반면 일본의 노면 전차는 입구와는 별도로 운임비를 내는 곳에 출구가 있기 때문에, 승객이 차내에서 이동해야 한다.

7-13 사인 시스템과 여객 안내 시스템

철도는 공공 교통 기관이기 때문에 누구나 쉽게 이용할 수 있도록 노력해야 합니다. 그래서 도입된 것이 승객이 가려고 하는 목적지 역까지 유도하는 사인 시스템과 여객 안내 시스템입니다. 사인 시스템이란 안내 간판 등의 표기를 통일하여 알아보기 쉽고 이해하기 쉽도록 체계화한 것입니다.

철도를 노선별로 색(라인 컬러)을 정해서 노선도나 안내 간판에 사용하는 방법은 현재 일본을 비롯하여 여러 나라에서 채용하고 있습니다. 이러한 방법은 이미 20세기 초반에 시작된 것으로 런던의 지하철에서는 색으로 노선을 식별하는 노선도를 사용했습니다.

여객 안내 시스템은 자동 방송이나 디스플레이 장치, 정보 전달 기술을 이용하여 여객을 안내하는 시스템입니다. 현재는 차내의 디스플레이에 다른 노선의 열차 운행 정보를 표시하는 전차도 늘고 있는데, 이 역시 여객 안내 시스템의 일부입니다. 앞으로는 이용객이 휴대한 스마트폰 등의 단말기가 역의 탑승장 등을 유도하게 될 것이라고 기대하고 있습니다.

이용자를 안내하는 방법은 기술 발달에 따라 변화하고 있지만, 누구나 알아보기 쉽고 이해하기 쉽도록 하는 점을 중시하는 것은 변하지 않았습니다.

일본에서는 역과 차내의 안내 방송을 당연하게 생각하지만 해외의 철도는 다릅니다. 해외의 철도와 비교했을 때 일본의 철도는 복잡하여, 목적지와 다른 열차를 타거나 내리지 못하고 지나치는 것을 막기 위해 안내 방송이 필요한지도 모르겠습니다.

사인 시스템과 발차 표시

JR 우에노(上野) 역 중앙 개찰구 모습. 앞쪽의 안내 표시판을 보면 색으로 노선을 식별하는 라인 컬러와 표기를 통일한 사인 시스템을 채용하고 있다. 열차의 발차 시각을 나타내는 발차 표시는 LED식이다.

런던의 지하철 노선도

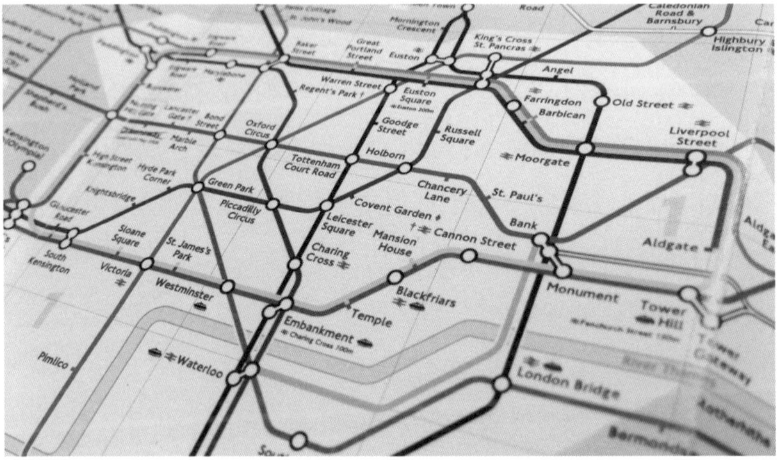

노선을 식별할 수 있도록 20세기 초부터 라인 컬러를 도입했다. 기하학적이며 알아보기 쉬운 디자인은 일본을 포함한 해외 여러 나라의 철도 노선도에도 영향을 주었다.

7-14 배리어 프리와 유니버설 디자인

철도에는 수송력이나 속도도 중요하지만 현재는 누구나 이용하기 쉬운 공공 교통 기관으로서의 역할이 요구됩니다. 철도를 이용하는 승객 중에는 승용차를 운전할 수 없는 고령자나 몸이 불편한 교통 약자, 외국인도 있기 때문에 이들이 쉽게 이용할 수 있도록 유럽과 미국, 일본의 철도에서는 배리어 프리barrier free 및 유니버설 디자인universal design의 채용이 적극적으로 이루어지고 있습니다. 배리어 프리란 이동을 방해하는 장애물을 없애는 것을 말하고, 유니버설 디자인이란 남녀노소, 언어와 문화 등에 관계없이 누구나 이용 가능하도록 설계하는 것을 말합니다.

배리어 프리의 예를 들면 역 내에 에스컬레이터나 엘리베이터의 설치, 차체의 바닥면과 플랫폼과의 단차를 줄이려는 대책과 점자 블록, 장애인 화장실을 설치하는 일입니다. 이러한 노력으로 휠체어 이용객이나 시각 장애인도 철도를 이용하기 쉬워졌습니다.

유니버설 디자인의 예를 들면 차내의 손잡이를 개량하거나 각 역에 숫자와 알파벳을 함께 나타내는 것, 그리고 외국어 방송과 표기를 하는 것입니다. JR 히가시니혼의 새로운 통근 전차에는 손잡이의 삼각형 부분을 세로로 길게 만들어 키에 상관없이 잡을 수 있도록 고안했습니다. 또한 각 역에 알파벳과 숫자로 구성된 역 번호를 함께 표기하여 일본어 역 이름을 읽을 수 없는 외국인도 쉽게 알 수 있도록 했습니다. 외국어 방송은 신칸센 등의 우등 열차에서 영어 자동 방송이 나오며, 규슈 신칸센에는 일본어와 영어, 중국어, 한국어 등 4개 국어 방송을 실시하고 있습니다. 역의 사인 시스템에도 영어와 더불어 중국어와 한국어가 사용되고 있습니다.

차내의 단차를 없앤 저상 노면 전차

저상 노면 전차 중에는 바퀴를 좌석 밑에 넣어서 차내 바닥면을 모두 평평하게 만든 전차가 있다. 휠체어로도 차내를 쉽게 이동할 수 있다. 사진은 히로시마 전철 5100형.

손잡이 개량

손잡이의 삼각형 부분을 위아래가 긴 모양으로 만들어 키에 상관없이 잡기 쉽도록 했다. 사진은 JR 히가시니혼의 통근 전차(E233계).

역 번호 표시

노선을 알파벳, 역을 숫자로 표시하여 일본어를 읽지 못하는 외국인도 역을 식별할 수 있게 했다. 사진은 모든 역에 역 번호 표시를 한 JR 시코쿠(四国)의 예이다.

사진 출처 및 참고 문헌

[1] 財団法人 鉄道総合技術研究所鉄道技術推進センタ ー・社団法人日本鉄道施設協会共著『わかりやすい鉄道技術[鉄道概論・土木編]』, 財団法人鉄道総合技術研究所鉄道技術推進センター, 2003

[2] 財団法人鉄道総合技術研究所鉄道技術推進センター・社団法人日本鉄道電気技術協会共著『わかりやすい鉄道技術[鉄道概論・電気編]』, 財団法人鉄道総合技術研究所鉄道技術推進センター, 2004

[3] 財団法人鉄道総合技術研究所鉄道技術推進センター・社団法人日本鉄道車両機械技術協会・社団法人日本鉄道運転協会共著『わかりやすい鉄道技術[鉄道概論・車両編・運転編]』, 財団法人鉄道総合技術研究所鉄道技術推進センター, 2005

[4] 公益財団法人鉄道総合技術研究所「鉄道技術用語辞典online」 http://yougo.rtri.or.jp/dic/

[5] 鉄道の百科事典編集委員会編『鉄道の百科事典』, 丸善, 2012

[6] 社団法人鉄道電化協会編・発行『電気鉄道便覧』, 1973

[7] 久保田博著『鉄道車両ハンドブック』, グランプリ出版, 1997

[8] 伊原一夫著『鉄道車両メカニズム図鑑』, グランプリ出版, 1987

[9] 江崎昭著『輸送の安全からみた鉄道』, グランプリ出版, 1998

[10] 上浦正樹・須長誠・小野田滋共著『鉄道工学』, 森北出版, 2000

[11] 宮本昌幸著『図解・鉄道の科学』, 講談社, 2006

[12] チャールズ・シンガー編, 平田寛・八杉龍一訳編『技術の歴史 1』, 筑摩書房, 1963

[13] 宮本俊光・渡辺偕年著『ゲージの鉄道学』, 古今書院, 2002

[14] 椎橋章夫著『自動改札のひみつ』, 成山堂書店, 2003

[15] Felicaのしくみ, ソニー・ウェブサイト

[16] 旅客販売総合システム「MARS(マルス)」, 鉄道情報システム・ウェブサイト

찾아보기

POST SCIENCE/17

알기 쉬운 철도과학

초판 인쇄 2022년 03월 15일
초판 발행 2022년 03월 20일

지은이 가와베 켄이치
옮긴이 공영태 · 나성은
펴낸이 조승식
펴낸곳 (주)도서출판 북스힐
등록 1998년 7월 28일 제22-457호
주소 01043 서울시 강북구 한천로 153길 17
홈페이지 www.bookshill.com
E-mail bookshill@bookshill.com
전화 (02)994-0071
팩스 (02)994-0073

ISBN 979-11-5971-409-2
값 13,000원